# 私有云平台部署与管理

曾文英 张绛丽 程庆华 ◎ 主 编
徐文义 谢彦南 李厦龙 ◎ 副主编

U0387760

清华大学出版社
北 京

## 内 容 简 介

　　本书系统介绍私有云的主要概念、相关技术和主要实战案例，内容包括虚拟化产品与部署方法、私有云拓扑规划与设计、搭建 VMware 虚拟化平台、搭建 iSCSI 目标存储服务器、部署 VMware-vcsa 平台、搭建 VMware 虚拟网络、搭建虚拟服务机、配置 vCenter Server 高级应用和发布 VMware 云桌面服务等。本书根据私有云技术发展和应用的现状，对接私有云技术应用领域云运维和云开发等相关职业岗位能力要求，结合学生的认知规律，精心组织教学内容。本书从与私有云相关的 12 个项目对私有云技术产品、平台部署与管理进行了全面介绍，帮助读者揭开私有云的神秘面纱，了解和掌握私有云平台部署、管理技术与方法，为后续私有云相关技术的深入学习和应用实践奠定基础。

　　本书可作为高校云技术相关专业的教材使用。

**图书在版编目(CIP)数据**

私有云平台部署与管理/曾文英，张绛丽，程庆华主编. —北京：清华大学出版社，2024.3
ISBN 978-7-302-65775-0

Ⅰ.①私… Ⅱ.①曾… ②张… ③程… Ⅲ.①云计算—研究 Ⅳ.①TP393.027

中国国家版本馆 CIP 数据核字(2024)第 056205 号

责任编辑：郭　赛　常建丽
封面设计：杨玉兰
责任校对：郝美丽
责任印制：沈　露

出版发行：清华大学出版社
　　　网　　　址：https://www.tup.com.cn,https://www.wqxuetang.com
　　　地　　　址：北京清华大学学研大厦 A 座　　　　邮　　编：100084
　　　社　总　机：010-83470000　　　　　　　　　　邮　　购：010-62786544
　　　投稿与读者服务：010-62776969，c-service@tup.tsinghua.edu.cn
　　　质量反馈：010-62772015，zhiliang@tup.tsinghua.edu.cn
　　　课件下载：https://www.tup.com.cn,010-83470236
印 装 者：三河市龙大印装有限公司
经　　　销：全国新华书店
开　　　本：185mm×260mm　　　印　　张：21.25　　　字　　数：521 千字
版　　　次：2024 年 4 月第 1 版　　　　　　　　　　印　　次：2024 年 4 月第 1 次印刷
定　　　价：69.00 元

产品编号：100679-01

# 前　言

随着云计算技术的不断发展,私有云平台已逐渐成为企业进行数字化转型的重要组成部分。私有云平台已经广泛应用于金融、电信、制造等众多行业。例如,银行等金融机构可以使用私有云平台保护敏感数据;制造行业可以通过私有云平台实现生产线的优化和自动化;医疗行业可以借助私有云平台实现电子病历的安全存储和共享等。国内私有云服务市场一直保持稳定增长的态势,尤其是在数据安全、私密性等方面需求不断增加的情况下,私有云服务的市场前景更为广阔。同时,随着技术的不断升级和用户需求的不断变化,私有云市场也需要不断地更新和完善自身的服务,以满足市场需求和用户的期望。未来,私有云平台的市场需求将会不断增加。随着数据泄露和网络攻击事件的不断增多,企业对数据安全性的要求日益增加。同时,随着容器化、微服务架构、人工智能等新技术的逐渐成熟,私有云平台的市场还将进一步扩大。

基于目前云计算的应用发展趋势,规划并设计了本书,旨在通过基于私有云项目案例讲解和操作,提升学生基于私有云平台环境的部署、管理与应用能力。本书涵盖虚拟化产品与部署方法、私有云拓扑规划与设计、搭建 VMware 虚拟化平台、搭建 iSCSI 目标存储服务器、部署 VMware-vcsa 平台、搭建 VMware 虚拟网络、搭建虚拟服务机、配置 vCenter Server 高级应用和发布 VMware 云桌面服务等相关知识。

本书具有以下特点。

**1. 理论与实际应用紧密结合**

本书以 12 个项目为主线,在讲述虚拟化产品与部署的基础上,对私有云拓扑规划与设计、搭建存储服务器、虚拟网络、虚拟服务器、云桌面服务等相关知识与技能均有介绍。

**2. 内容组织合理、有效**

本书按照由浅入深的顺序,引入相关技术与知识。每个项目又划分为若干任务,每个任务均详细介绍了相关知识、任务内容和操作步骤,且经过反复验证。本书实现了技术讲解与应用的统一,有助于"教、学、做一体化"教学的实施。

本书主要编写人员均为一线教师,有多年实际项目教学与开发经验,都曾带队参加省级和国家级的各类技能大赛,并有多年的教育教学经验,完成了多轮次、多类型的教育教学改革与研究工作。本书在编写过程中得到联想、中软国际、深信服、腾科等企业中工程师的大力指导,以及广东科学技术职业学院国家双高专业群建设团队张军、杨忠明、程庆华、钟达夫、李颖等领导和老师的指导,还得到云计算课程建设团队、相关兄弟院校老师的技术支持。

本书在编写过程中参考了互联网上的大量资料(包括文本和图片),以此对资料原创的相关组织和个人深表谢意。编者也郑重承诺,引用的资料仅用于本书的知识介绍和技术推广,绝不用于其他商业用途。

由于编者水平有限,书中难免存在疏漏和不足之处,希望广大读者批评指正。同时,恳请读者一旦发现错误,请于百忙之中及时与编者联系,以便尽快更正,编者将不胜感激。

编　者

2024 年 3 月

# 目　　录

# 第1章　虚拟化产品与部署方法

## 1.1　云计算系统的概念与发展

### 1.1.1　云计算系统

云计算系统是云计算后台数据中心的整体管理运营系统。它是构架于服务器、存储、网络等基础硬件资源和单机操作系统、中间件、数据库等基础软件管理海量的基础硬件、软资源之上的云平台综合管理系统。

### 1.1.2　云计算的发展

云计算作为一种技术,目前在就业市场上占有很高的地位。云计算对存储和管理个人和商业使用的数据有很大帮助。专家预测,到 2025 年,将会产生 163ZB 的数据。有了这么大的数据量,我们将需要把它存储在一个可以通过互联网访问的地方。对云计算的需求年复一年呈指数级增长。

亚马逊设计了云服务(Amazon Web Service,AWS),这项服务主要把平时闲置的 IT 资源利用起来。在随后的时间里,亚马逊陆续推出包括弹性计算云(Elastic Compute Cloud)、数据库服务(Simple DB)等近 20 种云服务,逐渐完善了 AWS 的服务种类。2007 年,IBM公司推出蓝云(Blue Cloud)服务,为客户带来即买即用的云计算平台。2008 年,谷歌推出Google Chrome 平台,发布以谷歌应用程序为代表的基于浏览器的应用软件,将浏览器融入云计算时代。微软紧跟云计算步伐,2008 年在其开发者大会上提出全新的云计算平台计划,并于 2010 年正式推出自己的云计算平台(Microsoft Azure),其主要目标是为开发者提供一个平台,帮助开发可运行在云服务器、数据中心、Web 和 PC 上的应用程序。2008 年,IBM 公司与无锡市政府合作建立无锡软件云计算中心,开始了云计算在中国的商业应用。随后,越来越多的信息技术企业参与到云计算应用行列。百度、阿里、腾讯、浪潮等国内企业纷纷布局云计算,分别从不同角度开始提供不同层面的云计算服务。

云计算的快速发展及其广阔前景引起众多国家政府的高度关注,美国、日本、韩国、印度等国家和地区都纷纷通过制定战略和政策、加大研发投入、加快应用等方式加快推动云计算发展。我国政府对云计算也极为关注,积极布局发展。2010 年 10 月,国务院发布《关于加快培育和发展战略性新兴产业的决定》,将云计算定位于"十二五"战略性新兴产业之一。随后,国家发展和改革委员会、工业和信息化部联合印发《关于做好云计算服务创新发展试点示范工作的通知》,确定在北京、上海、深圳、杭州、无锡 5 个城市先行开展云计算服务创新发展试点示范工作。2015 年 1 月,国务院印发《关于促进云计算创新发展培育信息产业新业态的意见》。2017 年 3 月,工业和信息化部印发《云计算发展三年行动计划(2017—2019年)》,指出到 2019 年,中国云计算产业规模将达到 4300 亿元,突破一批核心关键技术,云计算服务能力达到国际先进水平,云计算在制造、政务等领域的应用水平显著提升,成为信息化建设主要形态和建设网络强国、制造强国的重要支撑,推动经济社会各领域信息化水平大幅提高。

## 1.2 云计算分类、定义及特点

### 1.2.1 云计算的分类

并非所有云计算都是相同的,也并非一种云计算适合所有人。不同型号、类型和服务的云计算可以提供满足不同需求的解决方案。

从部署云计算方式的角度出发,云计算可以分为以下3类。

(1)公有云:通常指第三方提供商提供给用户进行使用的云,公有云一般可通过互联网使用。阿里云、腾讯云和百度云等是公有云的应用示例,借助公有云,所有硬件、软件及其他支持基础架构均由云提供商拥有和管理。

(2)私有云:是为一个客户单独使用而构建的云,因而提供对数据、安全性和服务质量的最有效的控制。使用私有云的公司拥有基础设施,并可以控制在此基础设施上部署应用程序的方式。

(3)混合云:是公有云和私有云两种部署方式的结合。由于安全和控制原因,企业中并非所有的信息都能放置在公有云上。因此,大部分已经应用云计算的企业将会使用混合云模式。

从所提供服务类型的角度出发,云计算可分为以下3类。

(1)基础设施即服务(IaaS):为企业提供计算资源——包括服务器、网络、存储和数据中心空间。优点是,无须投资自己的硬件,对基础架构进行按需扩展以支持动态工作负载,可根据需要提供灵活、创新的服务。

(2)平台即服务(PaaS):为基于云的环境提供了支持构建和交付基于 Web 的(云)应用程序的整个生命周期所需的一切,其优点是,开发应用程序使其更快地进入市场,在几分钟内将新 Web 应用程序部署到云中,通过中间件即服务降低复杂性。

(3)软件即服务(SaaS):在云端的远程计算机上运行,这些计算机由其他人拥有和使用,并通过网络和 Web 浏览器连接到用户的计算机。其优点是,可以方便快捷地使用创新的商业应用程序,可从任何连接其中的计算机上访问应用程序和数据,如果计算机损坏,数据也不会丢失,因为数据存储在云中。

### 1.2.2 云计算的定义

云计算是分布式计算的一种,是通过网络“云”将巨大的数据计算处理程序分解成无数个小程序,然后通过多部服务器组成的系统进行处理和分析这些小程序,得到结果并返回给用户。一般情况下,云计算是一种按使用量付费的模式,这种模式提供可用的、便捷的、按需的网络访问,进入可配置的计算资源共享池(资源包括网络,服务器,存储,应用软件,服务),这些资源能够被快速提供,只需投入很少的管理工作,或与服务供应商进行很少的交互。

云计算主要有以下功能。

（1）资源整合,提高资源利用率。

（2）快速部署,弹性扩容。

（3）数据集中,信息安全。

（4）自动调度,节能减排。

（5）降温去噪,绿色办公。

（6）高效维护,降低成本。

（7）无缝切换,移动办公。

## 1.2.3　云计算的特点

云计算中,物理或虚拟资源能够快速地水平扩展,具有强大的弹性,通过自动化供应,可以达到快速增减资源的目的。云服务客户可以通过网络,随时随地获得无限多的物理或虚拟资源。使用云计算的客户不用担心资源量和容量规划,如果需要,客户可以方便快捷地获取新的、服务协议范围内的无限资源。资源的划分、供给仅受制于服务协议,不需要通过扩大存储量或者维持带宽来维持。这样就降低了获取计算资源的成本。云计算主要有以下特点。

**1. 超大规模**

云计算中心具有相当的规模,很多提供云计算的公司的服务器数量达到了几十万、几百万的级别。而使用私有云的企业一般拥有成百上千台服务器。云计算中心能整合这些数量庞大的计算机集群,为用户提供前所未有的存储能力和计算能力。

**2. 虚拟化**

当用户通过各种终端提出应用服务的获取请求时,该应用服务在云的某处运行,用户不需要知道具体运行的位置以及参与的服务器的数量,只获取需求的结果就可以,这有效减少了云服务用户和提供者之间的交互,简化了应用的使用过程,降低了用户的时间成本和使用成本。

云计算通过抽象处理过程,对用户屏蔽了处理复杂性。对用户来说,他们仅知道服务在正常工作,并不知道资源是如何使用的。资源池化将维护等原本属于用户的工作,移交给提供者。

**3. 按需服务**

无须额外的人工交互或者全硬件的投入,用户就可以随时随地获得需要的服务。用户按需获取服务,并且仅为使用的服务付费。

这种虚拟化软件调度中心可以提高效率并避免浪费,类似人们在家里吃饭,想吃各式各样的饭菜,就需要买各种餐具以及食材,这样会造成餐具的空闲和饭菜的浪费,而云计算就像是吃自助餐,无须自己准备食材和餐具,需要多少取多少,想吃什么取什么。按需服务,按需收费。云计算服务通过可计量的服务交付来监控用户服务使用情况并计费,云计算为用户带来的主要价值是将用户从低效率和低资产利用率的业务模式中带离出来,进入高效模式。

**4. 高可靠性**

首先,云计算的海量资源可以便捷地提供冗余;其次,构建云计算的基本技术之一——虚拟化,可以将资源和硬件分离,当硬件发生故障时,可以轻易地将资源迁移、恢复。

而在软硬件层面,采用数据多副本容错、计算机节点同构等方式,在设施、能源制冷和网络连接等方面采用冗余设计。同时,为了消除各种突发情况,如电力故障、自然灾害等对计算机系统的损害,需在不同地理位置建设公有云数据中心,从而消除一些可能的单点故障。云计算系统所使用的成熟的部署、监控和安全等技术,进一步确保了服务可靠性。

**5. 网络接入广泛**

云计算使用者可以通过各种客户端设备,如手机、平板电脑、笔记本电脑等,在任何网络覆盖的地方,方便地访问云计算服务方提供的物理资源以及虚拟资源。

# 1.3    私有云市场需求

新一代私有云的主流形态以企业客户防火墙内的复杂环境和数据需求为设计初衷,建立以客户数据为中心、具备多云管理能力的私有云。新一代私有云拥有良好的硬件和软件的兼容性,兼顾企业级新一代应用和传统应用,同时具备应对企业复杂环境下的可进化特性,还提供公有云似的消费级体验。新一代私有云是云的私有部署。

一方面,相对私有云和公有云以云为中心的表达,云的私有部署和公有部署更能体现"将云移动到数据上"的主导模式,即防火墙内的数据需要云的私有部署,防火墙外的数据需要云的公有部署。另一方面,相对私有云和公有云的分割式表达,云的私有部署和公有部署更能体现云的一致性体验。

公有和私有部署一致性为亮点的 AWS Outposts,其设计初衷围绕公有云为核心,其价值更多在于公有云服务在防火墙内的延伸,是新一代私有云主流形态的重要补充。

## 1.3.1    新一代私有云特性

(1) 在业务层的应用上,新一代私有云能够承载 Cloud、Mobile、IoT、BigData、AI 等新一代企业级应用。

(2) 在 PaaS 的体验上,基于开源 PaaS 为主的生态,通过 Kubernetes 构建跨公有云/私有云的可共享 PaaS;另一方面,可以根据需求在云上开发新的 PaaS,应用于特定场景和适用行业。

(3) 在 IaaS 的实施上,通过云平台的微服务化和一体化设计,新一代私有云能带来公有云似的消费级体验,不仅从交付、运维、升级实现"交钥匙工程",也使得新一代私有云按需付费的云服务模式得以实现,从云软件时代进入云服务时代。

(4) 在演进路径上,基于开源生态的产品化是新一代私有云演进的一部分。当各大公有云厂商大量应用 Linux/KVM/MangoDB 等开源技术时,谷歌更是在 Google Cloud Next 2019 大会上直接挑明——公有云的未来是开源。新一代私有云在保持与开源生态兼容与同步的前提下高度产品化,一方面保持与社区的充分同步,另一方面通过场景化的合作生态来满足客户需求。

(5) 在演进方式上,新一代私有云演进的核心驱动力是可进化。可进化不同于可升级,需要服务能力、产品形态、支撑场景三大方向上实现演进。

### 1.3.2　新一代私有云的可进化性

在云的公有部署中，可进化是一项基础能力。云的私有部署中，环境更复杂，且不可能都有运维团队，同时，传统私有云产品版本迭代升级速度越快，碎片化就越严重，升级就越困难。在无人工干预的前提下，传统的私有云实现不同版本的升级尚有难度，新一代私有云要在云的私有部署中实现服务能力、产品形态、支撑场景的可进化，就需要从核心架构的最基础单元开始，具备各种技术栈的微服务化和一体化设计能力，这也是新一代私有云的核心竞争力。

升级包含三大要素，即业务无感知、数据不迁移和服务不中断。升级不仅包含升级云平台过程中对业务无影响，更可在升级云平台过程中对云平台自身的操作不受影响，这就像一辆新能源汽车在升级系统的同时仍然可以正常行驶，iPhone 在升级 iOS 过程中仍然可以打电话和操作 App。

## 1.4　私有云平台的组成

私有云平台分为以下 3 个部分。

（1）私有云平台：向用户提供各类私有云计算服务、资源和管理系统。

（2）私有云服务：提供以资源和计算能力为主的云服务，包括硬件虚拟化、集中管理、弹性资源调度等。

（3）私有云管理平台：负责私有云计算各种服务的运营，并对各类资源进行集中管理。

## 1.5　私有云平台构建流程

私有云平台构建流程如下。

**1. 做好融合基础架构规划**

企业对于私有云的投资并非一个全新的投资项目，可通过整合企业当前现有 IT 基础设施来达到最终目的，把现有的存储、服务器、网络等硬件捆绑在一起进行兼容性问题测试。目前厂商提供的大多数私有云解决方案都能提供融合基础架构的解决方案。

**2. 整合资源构建企业大数据**

当前，数据已经成为企业的核心资产，所以云数据中心的构建很大程度上就是基于对数据的整合。几乎任何与企业业务相关的信息都可以数据化。这些数据呈现了复杂的、异构的特点，怎样将这些数据集中地放在云平台上，就需要对其做数据挖掘、分析、归档、重复数据删除等各种处理，从而把有效的数据提取出来。

**3. 对高度虚拟化、高度资源共享要求的考虑**

私有云另外一个关键因素是要实现高度的资源共享。但实现高度资源共享是一件很难的事情，这不仅关系到技术方面的问题，还跟 IT 架构密切相关。一般来说，高度的虚拟化能够带来高度的资源共享。这时虚拟化不仅体现在服务器虚拟化上，还包括网络虚拟化、存储虚拟化和桌面虚拟化等。因此，企业用户在考虑部署私有云时，除选择合理的技术与产品外，更需要考虑企业是否具备高度虚拟化、高度资源共享的 IT 架构、技术储备、人员条件和基础环境。

**4. 对可弹性空间和可扩展性评估的考虑**

云计算最本质的特点之一是帮助企业用户实现即需即用、灵活高效地使用 IT 资源。因此对于部署云计算平台来说,就必须考虑对弹性空间和可扩展性的真实需求。因为目前无论在服务器还是存储方面,许多企业现有的产品架构都无法具备良好的扩展性,能够很好地满足私有云对扩展空间的弹性需求。因此,真实评估弹性化需求,是实现按需添加或减少 IT 资源的私有云部署前的一个重要考虑。

# 1.6  项目开发及实现

## 1.6.1  项目描述

正月十六,公司为了更好地利用剩余的硬件、软件资源,决定启用虚拟化转型的计划,但是新技术的引入需要颠覆传统的网络架构和转变传统的 IT 观念,所以公司决定委派工程师小莫进行云计算与虚拟化计算的学习。

## 1.6.2  项目设计

小莫通过网上查阅资料和向该方面的专家请教,并且走访多家使用虚拟化技术的公司,对比市面上较为常见的虚拟化产品,决定使用 VMware 公司的虚拟化产品进行公司虚拟化转型计划的底层构建。

确定系统管理员的工作任务如下。

(1)了解云计算与虚拟化的概念。

(2)了解主流的虚拟化产品,如 VMware、Hyper-V、华为等虚拟化厂商,并且根据实际需要进行比对,选取最合适的产品进行公司的虚拟化架构部署。

(3)决定使用 VMware 厂商的虚拟化产品后,进入 VMware 官网学习虚拟化产品的功能和对此功能的解析以及部署。

## 1.6.3  项目实现

**1. 虚拟化产品与部署方法 1**

(1)打开 VMware 公司的官方网站,学习私有云的概念,如图 1-1 所示。

(2)单击右侧的相关主题,选择【公有云】选项卡,学习公有云相关概念,如图 1-2 所示。

(3)单击上方的【VMware 词汇表】,查找关于虚拟化的内容,可参考服务器虚拟化、网络虚拟化、虚拟桌面基础架构等关键词,如图 1-3 所示。

(4)单击【服务器虚拟化】关键词,查看关于服务器虚拟化的概念和 VMware 公司提供的解决方案,如图 1-4 所示。

**2. 虚拟化产品与部署方法 2**

(1)访问 VMware 官网,网址为 https://www.vmware.com/cn.html,单击【资源】按钮,可以查看 VMware 公司的各类产品,如私有云、公有云、容器等,其界面如图 1-5 所示。

图 1-1　私有云概念介绍

图 1-2　公有云相关概念

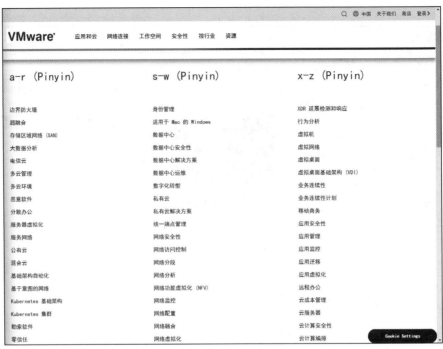

图 1-3　虚拟化关键词

图 1-4　服务器虚拟化相关概念及解决方案

（2）打开 VMware 文档的官方网站，查看 vSphere 对比其他产品的新变化以及功能介绍。VMware 支持文档官网的中国区地址为 https://docs.vmware.com/cn/，登录界面如图 1-6 所示。

图 1-5　VMware 公司产品列表

图 1-6　VMware 支持文档官网界面

（3）单击 vSphere 图标，再单击右侧的下拉菜单即可看到 vSphere 各版本的介绍和参考手册，如图 1-7 所示。

（4）单击 vSphere 7.0 选项卡，再单击子菜单 ESXi and vCenter Server，可查看 ESXi 7.0 主机的安装方法和 vSphere 7.0 的部署方法参考文档，界面如图 1-8 所示。

（5）随后单击 VMware ESXi 安装和设置，进入对应的产品文档内，单击对应的下拉菜单可查看到对于 ESXi 7.0 的参数要求和 ESXi 7.0 主机的详细安装方法，以及各种注意事项，文档内容如图 1-9 所示。

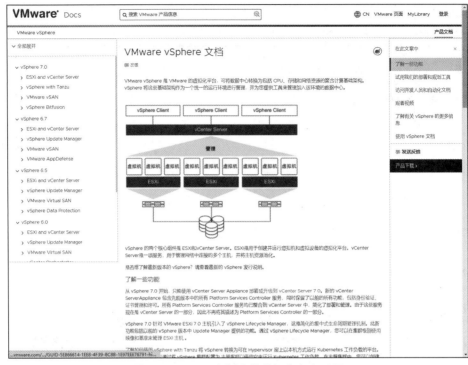

图 1-7　vSphere 各版本的介绍和参考手册

图 1-8　ESXi 7.0 主机的安装方法和 vSphere 7.0 的部署方法参考文档

图 1-9　ESXi 安装和设置

（6）单击左上方的【VMware】图标或【VMware vSphere】选项卡可返回首页或上一层界面，返回上一层界面后，单击【vSphere 网络连接】选项卡，可以查看关于虚拟化环境下网络配置的相关知识和注意事项，出现的界面如图 1-10 所示。

图 1-10　vSphere 网络连接

（7）单击【VMware】图标，返回首页，单击【Horizon 8】图标，查看关于桌面虚拟化各个版本的相关知识和部署方法，如图 1-11 所示。

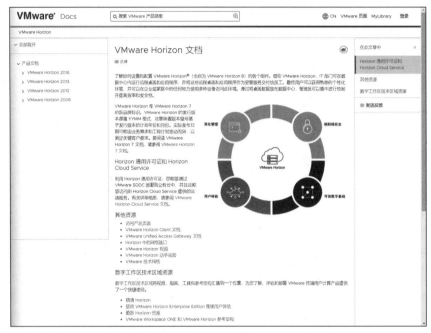

图 1-11　桌面虚拟化各个版本的相关知识和部署方法

（8）查看华为公司的虚拟化产品，在搜索引擎打开华为技术支持的官方网站，网址为 https://support.huawei.com/enterprise/zh/index.html，单击【企业数据中心】下的子菜单【云计算】，如图 1-12 所示。

图 1-12　华为技术支持网站

（9）单击操作完成后，出现华为公司的虚拟化和云计算产品，如华为公有云、FusionSphere 虚拟化套件、FusionStage 等，如图 1-13 所示。

图 1-13 华为公司虚拟化和云计算产品

（10）单击【FusionSphere 虚拟化套件】的子菜单【FusionCompute】，弹出的界面包含产品文档包、产品描述、特性描述等，如图 1-14 所示。

图 1-14 子菜单 FusionCompute

（11）单击产品文档包下的【FusionCompute 8.1.0 产品文档 02】，可以查看对此产品的描述、安装与配置、操作与维护等，如图 1-15 所示。

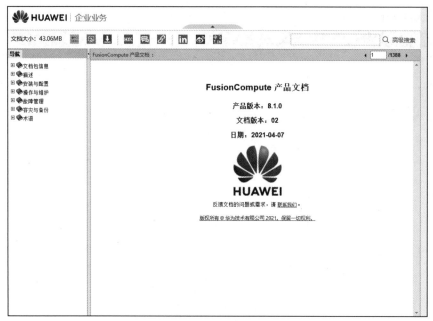

图 1-15　FusionCompute 产品文档

# 1.7　实验任务 1：云计算与虚拟化技术

## 1.7.1　任务简介

正月十六，公司为了更好地利用剩余的硬件、软件资源，决定启动虚拟化转型的计划，但是新技术的引入需要颠覆传统的网络架构和转变传统的 IT 观念，所以公司决定委派工程师小莫进行云计算与虚拟化计算的学习。小莫通过网上查阅资料和向该方面的专家请教，并且走访了多家使用虚拟化技术的公司，对比了市面上较为常见的虚拟化产品，决定使用 VMware 公司的虚拟化产品进行公司虚拟化转型计划的底层构建。

## 1.7.2　任务设计

系统管理员的工作任务如下。

了解云计算与虚拟化的概念；了解主流的虚拟化产品，例如 VMware、Hyper-V、华为等虚拟化厂商，并且根据实际需要进行比对，选取最合适的产品进行公司的虚拟化架构部署；决定使用 VMware 厂商的虚拟化产品后，进入 VMware 官网学习虚拟化产品的功能和对此功能的解析以及部署。

## 1.7.3　实验报告

完成以上内容，并完成实验报告，实验内容至少包含以下内容。

（1）打开 VMware 的官方界面，熟练查找关于虚拟化技术的文档和社区支持。

（2）打开华为云的官方界面，熟练查找关于虚拟化技术的文档和社区支持。

# 1.8　实验任务 2：私有云规划设计拓扑

## 1.8.1　任务简介

工程师小莫学习了云计算与虚拟化的基础概念和配置，并在虚拟机上完成了测试，随后便开始着手进行公司虚拟化转型的规划与设计，但是公司领导担心原本的业务系统在平稳运行的情况下，实施虚拟化后会影响业务的稳定性和安全性，影响公司的经济效益。

## 1.8.2　任务设计

经过综合考量，公司决定利用闲置的基础设施（即服务器和硬盘）先进行虚拟化的升级改进。并添加一部分新的设备，与原先的设备组成一个新的数据中心，并且将剩余的设备逐渐虚拟化。在实现虚拟化转型过程中，小莫设计了完整的规划设计方案，内容涵盖网络、底层硬件、存储设备、软件等多个方面，并且经过了公司领导层的同意，在项目实施的过程中严格按照规划实施。

系统管理员的工作任务如下。

制定完善的虚拟化转型规划，综合多种情况，选择服务器、硬盘、网卡、内存、CPU、存储、交换机等设备。

规划各类主机和服务的参数如各虚拟机、ESXi 主机的 IP 地址、DNS 服务器地址、DHCP 服务器地址等。

选择合适的操作系统版本以及对应的镜像。

明确虚拟化集群可实现的功能和服务，以及对应功能的应用场景。

## 1.8.3　实验报告

完成以上内容，并完成实验报告。

# 第 2 章　私有云拓扑规划与设计

## 2.1　私有云平台建设背景和需求

### 2.1.1　私有云平台建设的背景

私有云平台建设的技术目标,主要是从企业 IT 建设部门和技术层面出发,考虑通过私有云平台建设后在技术层面的收益。

(1) 建设灵活可扩展的架构体系。

对于云计算本身即具备弹性伸缩扩展能力,而对于私有云 PaaS 平台建设,通过平台＋应用的服务化构建模式,通过各种分布式技术的使用,真正形成一套完全可以灵活水平扩展的弹性架构体系,这种架构体系能够满足 IT 系统在业务高速发展下 5～10 年,甚至更长时间段的灵活支撑和水平扩展,而不是类似传统架构体系在扩展性方面受到诸多约束。

(2) 建设高可用的私有云生态环境。

业务系统的高可用性始终是企业信息化建设和后期运维管控的一个重要内容,通过私有云平台的建设,期望形成一个高可用、高可靠、安全一致的 IT 生态环境。通过分布式集群技术,冗余、异地容灾备份,双中心等多种措施真正形成一个高可用的环境。

(3) 形成企业可复用的 IT 资产库。

传统的业务系统开发模式往往很难真正地抽取各个业务系统的共性能力并服务化,而私有云 PaaS 平台建设在基于 SOA 的思想指导下,通过可复用服务能力的识别和开发,形成可复用的企业 IT 资产库和服务目录。对于单纯的私有云 PaaS 技术平台而言不是资产,但是对于提供了可共享的业务、数据和技术服务能力后的 PaaS 平台则是企业重要的 IT 核心资产。

(4) 形成标准化的 IT 治理和管控体系。

通过私有云平台的建设,可以进一步规划企业内部业务系统的建设标准和流程,以及业务系统的开发流程和技术架构,所有业务系统基于同样一套技术标准体系,开发流程进行需求分析、设计和开发、过程管理等,真正提升企业内部信息化部门对 IT 系统的管控能力。

(5) 降低对单一厂家硬件或软件的依赖。

对于中国互联网领域前几年开始推行的去 IOE 运动的重要性,已经逐步被大型企业所接受,随着国家相关信息化发展规划和安全政策,开源和国产化将逐步成为趋势。因此在当前私有云建设规划中重点可以考虑去 IOE 和开源软件的使用。

总之,在传统 IT 基础架构环境中,业务迅速发展给 IT 带来很大压力,服务器需求不断增多,机房空间、电力成为瓶颈,导致应用所需服务器资源紧张,正常项目开展受到限制。系统管理人员日常忙于救火和新的部署工作,无精力开展管理提升工作,技术复杂性使得部署时间越来越长,导致应用上线时间延长。为了应对这些压力,人们开始寻求新的技术和管理解决方案。

云计算的概念首先是从业务管理角度被人们接受,节省投资、需求快速部署、按需使用,这些特性得到企业业务管理层认可后,使云计算迅速扩展,并成为真正落地的解决方案。

云计算通过资源池技术,实现应用服务器和硬件服务器隔离,使硬件资源切片使用,提供逻辑虚拟服务器为应用服务,这样不但物理资源得到充分利用,而且机房压力减少,整体投资下降。虚拟化技术把虚拟服务器保存成文件,通过复制文件为快速部署提供可能。

### 2.1.2 私有云平台建设的需求

有些人认为私有云只是已经在本地实施的虚拟化的一种扩展,但实际上它不仅仅是一种扩展。实施私有云有助于打破数据中心的孤岛,实现快速增长。对于以安全为中心的初创企业来说,这听起来不错,不幸的是,它也伴随着一些需求。

私有云的工作是增加 IT 的灵活性,并将用户自助服务添加到前端。对于许多公司来说,虚拟化是私有云的起点。从这个角度看,私有云的实现是添加一个灵活的层,允许用户自行部署他们需要的 IT 资源。如果想计划部署私有云,请确保 IT 部门拥有正确的技能。以下是私有云环境中所需的一些组件。

(1) 服务器虚拟化。

大多数私有云都是关于部署虚拟机(VM),因此需要一个平台来实现它。许多公司使用虚拟化平台。虚拟化平台提供了一个稳定且经过验证的平台,但如果想计划部署私有云,则可能需要为不需要的功能付费。

(2) 网络虚拟化。

私有云比虚拟化更强大,它不仅是部署虚拟机的一个易于使用的平台。它还提供了所有级别的灵活性,以及网络配置。网络配置本身在可伸缩性方面具有挑战性,因为用户所处理的物理设备需要以某种方式改进数据包,但软件定义网络(SDN)会对其有所帮助。

(3) 存储虚拟化。

存储中需要的另一层是高可伸缩性。在传统的 SAN 产品中,增加存储空间通常意味着增加更多的磁盘,这就需要更多的磁盘柜、机架空间,以及向 SAN 供应商支付更多的许可证费用。这在私有云实现中不起作用,因为私有云确保只有几次单击就可以增加更多的磁盘空间。

## 2.2 私有云如何工作

私有云依赖于许多不同的技术运行。只要了解虚拟化的工作原理,就可以了解私有云的工作原理。私有云使用虚拟化技术将源自物理硬件的资源合并到一个共享池中。这样,当云创建环境时,它不必像蚂蚁一样移动,一次只能虚拟化来自不同物理系统的一种资源。脚本化 IT 流程可以在一个地方从单一来源获得所有这些功能,就像在数据超市集中"购买"一样。

添加一层管理软件后,云管理员可以跟踪和优化使用情况、监控集成点以及保留或恢复数据,从而控制将在云中使用的基础设施、平台、应用程序和数据。最后,再增加一层自动化工具,替代或减少人工操作和可重复的指令和流程,此时云的自助服务组件汇聚在一起,这一系列技术共同构成了私有云。

与其他类型的云环境类似,私有云使用虚拟化技术将计算资源合并到共享池中,并根据企业需求自动对其进行调配。这使企业可以进行扩展并最大限度地提高资源使用率。和公有云的区别在于,私有云中的计算资源专属于单个企业,不与其他租户共享。用户可以通过公司内联网或虚拟专用网络(VPN)访问私有云。

## 2.3　私有云的优势

私有云具有以下优势。

(1)全面的系统控制,更强的安全性。

私有云拥有专用硬件和物理基础架构,仅供拥有私有云的公司专用,因此,私有云可提供全面的系统控制,安全性也大大提高。

(2)更出色的性能。

因为硬件仅供专用,其他企业不能使用,所以,云服务的工作负载性能绝不会受到在共享服务器上运行资源密集型工作负载的另一家公司的影响,也不受公有云服务中断的影响。

(3)长期成本节约。

尽管设置基础架构来支持私有云的费用非常高昂,但从长远来看,这笔投资还是值得的。如果企业已经拥有进行托管所需的硬件和网络,那么,与每月支付费用来使用公有云上别人的服务器相比,私有云的成本效益还是要高得多。

(4)可扩展性。

如果企业现有的硬件资源不够用,私有云可以轻松地添加更多资源。如果增长是临时的或季节性的,企业还可以转向混合云解决方案,只在必要时才使用公有云,这样费用会很低。

(5)可预测的成本。

使用公有云的成本非常难以预测,而使用私有云时,无论企业运行何种工作负载,每月的成本都是相同的。

(6)更好的自定义设置。

公司可以全面控制私有云,所以,根据公司定义的要求来重新分配资源并定制要专门运行的云环境就容易得多。IT 经理可以访问其私有云环境中的任何一级设置,不必受限于公有云服务提供商设置的策略。

## 2.4　私有云平台拓扑

私有云客户与公有云客户最大的不同是,客户对私有的"云"在管理层面上拥有较大的权限,他(她)可以很放心地把涉及公司或者单位隐私的东西放进"云"中,出现意外时自己可以要求管理员随时处理。并且私有云就服务器规模、SLA、防火墙、计费、安全性等级要求等方面而言,与公有云的侧重点不大相同,架构上自然也要区别对待。

### 2.4.1　基础架构原则

基础设施架构的核心即是整合计算、存储与网络三种资源,而在配置这些资源时需要在扩展性、稳定性及冗余性方面达到一定要求,如图 2-1 所示。

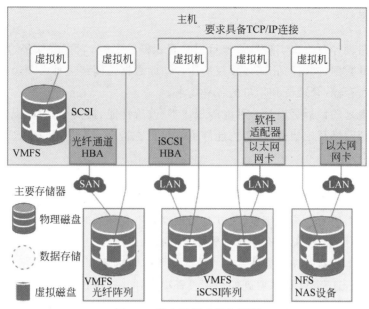

图 2-1 私有云基础架构原则

**1. 稳定性**

基础架构的稳定性对于一个平台是至关重要的。存储、网络、计算节点自身的稳定性，以及它们之间通信的稳定性，都时时刻刻影响用户体验。

即使是稳定性非常好的系统，也应该在平时的运维，即监控以及出现故障时的跟踪、定位、解决上下一定功夫。现在国内很多云平台厂商都没有提供服务状态报告，比如可用性、地域延迟、资源统计等。

**2. 扩展性**

扩展性包含两个方面，即横向扩展（scale out/in）和纵向扩展（scale up/down）。

集群横向扩展主要包括计算节点、存储、网络资源"节点级别"的扩展，比如新添加服务器、交换机等整机设备。需要注意的是，节点加入集群后，其上所有业务均能在新节点正常运行；同时，新节点的加入对普通用户来说是透明的，即用户不会感知到集群的横向扩展。

纵向扩展即是整机中加入如新的 CPU、内存、硬盘、网卡等组件以提高单机性能。

平台在进行横向扩展时，也可使用其他平台的资源。比如，企业内现有国际品牌的虚拟化产品，如果国内厂商的虚拟化产品能够直接使用原平台的虚拟机、虚拟硬盘甚至是虚拟网络，那么对企业来说，这个过渡将会非常轻松。现在能够提供云平台 API 的厂商比较多，而能够作为参考标准的只有 Amazon、OpenStack、VMware 等国际化平台。笔者成文时，中国信息技术标准化组织目前尚未制定"及时"的标准，但已经成立很多工作组，比如服务器虚拟化、桌面虚拟化、云存储等，相信他们很快会推出统一标准。

**3. 冗余性**

冗余性是稳定性和扩展性的补充。对于私有云而言，成本往往仅能保证稳定性，而在冗余性保障上有较少的支出。当成本不足以满足所有基础资源的冗余性时，就要根据具体环境来判断，尽量保持它们在不同资源上冗余能力的平衡，最大限度地减少潜在风险。

### 2.4.2　网络规划

正确的网络设计对组织实现其业务目标有着积极的影响,它可确保经过授权的用户能够及时访问业务数据,同时防止未经授权的用户访问数据。网络设计必须经过合理优化,以满足应用、服务、存储、管理员和用户的各种需求。

网络资源规划的目标是设计一种能降低成本、改善性能、提高可用性、提供安全性,以及增强功能的虚拟网络基础架构,该架构能够更顺畅地在应用、存储、用户和管理员之间传递数据。

### 2.4.3　软硬件规划

构建私有云需要考虑诸多因素,尤其是当预算并不宽裕的时候。通过仔细地规划硬件、容量、存储和网络配置,就能将有限的预算做出高效的运用。

要找出云成本效益最高的方法并不容易。预算本身的限制和常识显示企业通常会使用分段性的方式向云迁移,除偶尔看到的全新投资项目外。在进行云基础架构的规划时,机构需要将硬件、容量、存储和网络需求纳入考量。

原本虚拟化将企业推向没有硬盘的服务器,但是虚拟 I/O 的性能现实创造出高端服务器加本地快速存储的配置——典型的有固态硬盘(SSD)或闪存。这些“即时存储”是非虚拟系统磁盘的代言人。

同样,处理器结构取决于服务器的服务目标本身。对于用作大数据分析的,高端的处理器和海量内存是最好的配置;Web 服务器和一般通用计算可以使用由低廉的无盘低核 x64 或 ARM64 引擎打包成的 1/2U 的服务器。

使用重复数据删除技术可以将存储能力大大地提升 6 倍之多。随着硬盘容量从 1TB 增长到 10TB,新时代阵列的数量和物理尺寸可以缩得更小。

基于许多相似的原因,存储的价格也在大幅下降。另外,软件定义存储(SDS)非常有希望将高端的功能从阵列中分离出来,从而消除对复杂又昂贵的高端阵列的需求。

### 2.4.4　性能指标

在实施虚拟化的前期,有一个虚拟机容量规划。就是一台物理服务器上,最多能放多少台虚拟机。这是一个综合问题,既要考虑主机的 CPU、内存、磁盘(容量与性能),也要考虑允许虚拟机需要的资源。

计算每台服务器实际需要的 CPU、内存与硬盘空间,计算方式分别如下。

实际 CPU 资源＝该台服务器 CPU 频率×CPU 数量×CPU 使用率

实际内存资源＝该台服务器内存×内存使用率

实际硬盘空间＝硬盘容量－剩余空间

构建模块化存储解决方案,该方案可以随时间推移不断扩展,以满足组织的需求,用户无须替换现有的存储基础架构。在模块化存储解决方案中,应同时考虑容量和性能。

每个存储层具有不同的性能、容量和可用性特征,只要不是每个应用都需要昂贵、高性能、高可用的存储,设计不同的存储层将十分经济、高效。

配置存储多路径功能,配置主机、交换机和存储阵列级别的冗余,以便提高可用性、可扩展性和性能。

允许集群中的所有主机访问相同的数据存储。

启用 VMware vSphere Storage APIs - Array Integration(VAAI)与存储 I/O 控制。配置存储 DRS 以根据使用和延迟进行平衡。

根据 SLA、工作负载和成本在 vSphere 中创建多个存储配置文件,并将存储配置文件与相应的提供商虚拟数据中心对应。

对于光纤通道、NFS 和 iSCSI 存储,可对存储进行相应设计,以降低延迟并提高可用性。对于每秒要处理大量事务的工作负载来说,将工作负载分配到不同位置尤其重要(如数据采集或事务日志记录系统)。通过减少存储路径中的跃点数量来降低延迟。

为促进对 iSCSI 资源的稳定访问,应该为 iSCSI 启动器和目标配置静态 IP 地址。

对于基于 IP 的存储,应使用单独的专用网络或 VLAN 以隔离存储流量,避免与其他流量类型争用资源,从而可以降低延迟并提高性能。

## 2.5 项目开发及实现

### 2.5.1 项目描述

工程师小莫学习了云计算与虚拟化的基础概念和配置,并在虚拟机上完成了测试,随后便开始着手进行公司虚拟化转型的规划与设计,但是公司领导担心原本的业务系统在平稳运行的情况下,实施虚拟化后,会影响业务的稳定性和安全性,最终影响公司的经济效益。

### 2.5.2 项目设计

经过综合考量,公司决定利用闲置的基础设施(服务器和硬盘)先进行虚拟化的升级改进,并添加一部分新的设备,与原先的设备组成一个新的数据中心,将剩余的设备逐渐虚拟化。在实现虚拟化转型过程中,小莫设计了完整的规划设计方案,内容涵盖网络、底层硬件、存储设备、软件等多个方面,并且经过了公司领导层的同意,在项目实施的过程中严格按照规划实施。

确定系统管理员的工作任务如下。

(1)制定完善的虚拟化转型规划,综合多种情况,选择服务器、硬盘、网卡、内存、CPU、存储、交换机等设备。

(2)规划各类主机和服务的参数,如各虚拟机、ESXi 主机的 IP 地址、DNS 服务器地址、DHCP 服务器地址等。

(3)选择合适的操作系统版本以及对应的镜像。

(4)明确虚拟化集群可实现的功能和服务,以及对应功能的应用场景。

### 2.5.3 项目实现

(1)根据公司虚拟化架构设计要求与规划,设计出公司的虚拟化架构,如图 2-2 所示。

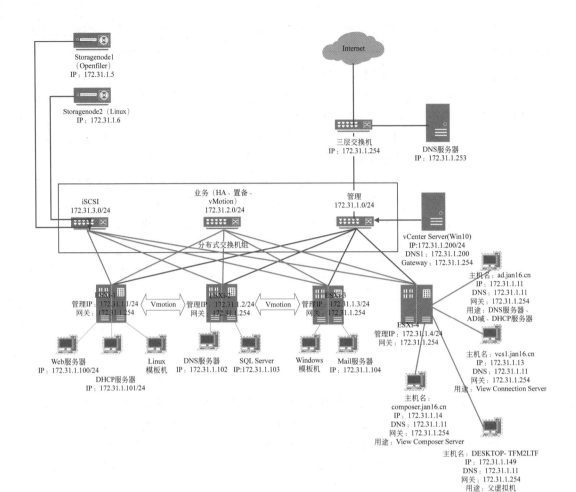

图 2-2　公司虚拟化架构

（2）由于正月十六，公司正处于发展的初期阶段，所以当前业务流量并不是很大，考虑到未来拓展性和当前成本的问题，选购最适合公司当前生产力的硬件、软件设备，购买清单分别如表 2-1、表 2-2 和表 2-3 所示。

表 2-1　服务器选型

| 服务器型号 | 形　态 | 处　理　器 | 内　存 |
|---|---|---|---|
| FusionServer Pro 2288H V5 | 2U 2 路机架服务器 | 1/2 个第一代英特尔®至强®可扩展处理 3100/4100/5100/6100/8100 系列，最高 205W | 24 个 DDR4 内存插槽 |

| 风　扇 | 存　储 | 网　络 | 电　源 |
|---|---|---|---|
| 4 个热插拔风扇，支持 N+1 冗余 | 可配置 8 个 2.5 英寸 SAS/SATA/SSD 硬盘；可配置 31 个 2.5 英寸 SAS/SATA/SSD 硬盘 | 板载网卡：2 个 10GE 接口与 2 个 GE 接口；灵活插卡：可选配 2 * GE、4 * GE、2 * 10GE、2 * 25GE 或 1/2 个 56GE FDR IB 接口 | 可配置 2 个冗余热插拔电源，支持 1+1 冗余 |

表 2-2　固态硬盘选型

| 硬　盘 | 顺序读取 | 顺序写入 | 缓存 | 容量 | 数量 |
|---|---|---|---|---|---|
| 三星 MZ-V7S2T0B | 3500MB/s | 3300MB/s | 2GB | 2TB | 10 |

表 2-3　机械硬盘选型

| 硬　盘 | 接口类型 | 转速 | 容量 | 数量 |
|---|---|---|---|---|
| 西部数据 Ultrastar DC HC 520 | SATA | 7200RPM | 12TB | 5 |

（3）考虑到在虚拟化的环境里，每台物理服务器会有更高的网卡密度，虚拟化主机一般有 6 个或 8 个甚至更多的网络接口卡，所以需要更多的边缘交换机或分布式交换机，此时对交换机的背板带宽及上行线路需要更高的要求，在中小型企业中，华为 S57 系列前兆交换机即可满足大多数需求，交换机选购如表 2-4 所示。

表 2-4　交换机选购

| 产品型号 | 描　述 | 千兆/万兆以太网光混合接口板 | 业务槽位 | 数量 |
|---|---|---|---|---|
| 华为 S5720-32P-E-AC | 24 个 10/100/1000Base-T 以太网端口，4 个 100/1000 SFP，4 个千兆 SFP，2 个 QSFP＋堆叠口交流供电，电源前置，支持 RPS 冗余电源；交换容量：598Gb/s 或 5.98Tb/s；包转发率：168Mp/s | LSS7X24BX6S0 24 端口万兆以太网光接口和 24 端口千兆以太网光接口板（6S,SFP＋） | 3 | 1 |
| 华为 S5720-32X-E-AC | 24 个 10/100/1000Base-T 以太网端口，4 个 100/1000sFP，4 个万兆 SFP＋,2 个 QSFP＋堆叠口交流供电，电源前置，支持 RPS 冗余电源；交换容量：598Gb/s 或 5.98Tb/s；包转发率：222Mp/s | LSS7X24BX6E0 24 端口万兆以太网光接口和 24 端口千兆以太网光接口板（6E,SFP＋） | 3 | 1 |

（4）服务器、存储、网络选型基本确定，随后对虚拟化架构内的各台主机和服务进行规划设置，如表 2-5 所示。

表 2-5　对各台主机和服务进行规划设置

| 主机名 | 实验 IP 地址 | 配　置 | 用户名 | 密　码 | 用　途 |
|---|---|---|---|---|---|
| ESXi 7-1 | 网卡 1：172.31.1.1 网卡 2：172.31.2.1 网卡 3：172.31.3.1 | CPU：16 核 内存：32GB 固态硬盘：256GB 机械硬盘：200GB | root | Jan16@123 | 虚拟化服务器-云服务 1 |
| ESXi 7-2 | 网卡 1：172.31.1.2 网卡 2：172.31.2.2 网卡 3：172.31.3.2 | CPU：16 核 内存：32GB 固态硬盘：256GB 机械硬盘：200GB | root | Jan16@123 | 虚拟化服务器-云服务 2 |

| 主机名 | 实验 IP 地址 | 配　置 | 用户名 | 密　码 | 用　途 |
|---|---|---|---|---|---|
| ESXi 7-3 | 网卡 1：172.31.1.3<br>网卡 2：172.31.2.3<br>网卡 3：172.31.3.3 | CPU：16 核<br>内存：32GB<br>固态硬盘：256GB<br>机械硬盘：200GB | root | Jan16@123 | 虚拟化服务器-云服务 3 |
| 数据中心客户端 | 172.31.1.10 | CPU：16 核<br>内存：32GB<br>固态硬盘：256GB<br>机械硬盘：200GB | root | Jan16@123 | 数据中心客户端 |
| ESXi 7-4 | 网卡 1：172.31.1.4<br>网卡 2：172.31.2.4<br>网卡 3：172.31.3.4 | CPU：16 核<br>内存：64GB | root | Abc@123456 | 硬件服务器-云桌面 |
| Openfiler | 172.31.3.5 | CPU：4 核<br>内存：8GB<br>机械硬盘：2TB | Administrator | Jan16@123 | 硬件服务器 |
| Linux 存储 | 172.31.3.6 | CPU：4 核<br>内存：8GB<br>机械硬盘：2TB | Administrator | Jan16@123 | 硬件服务器 |
| Vcenter | 172.31.1.200 | CPU：12GB<br>内核：2 核 | root | Jan16@123 | 数据中心 |
| VCS | 172.31.1.13 | CPU：6GB<br>内核：2 核 | administrator | Jan16@123 | View 连接服务器 |
| Composer | 172.31.1.14 | CPU：6GB<br>内核：2 核 | administrator | Jan16@123 | Composer 服务器 |
| Windows 10 | 自动获取 | CPU：4GB<br>内核：2 核 | administrator | Jan16@123 | 父虚拟机 |
| Windows 2012 | 自动获取 | CPU：2GB<br>内核：1 核 | administrator | Jan16@123 | 模板机 |
| Linux 1 | 172.31.1.101 | CPU：512MB<br>内核：1 核 | root | Jan16@123 | 提供 iSCSI 存储服务 |
| DNS 服务器 | 172.31.1.253 | | Administrator | Jan16@123 | 提供 DNS 服务 |
| vCenter 网关地址 | 172.31.1.254 | | | | |
| Linux 测试虚拟机 | 172.31.1.130 | CPU：512MB<br>内核：2 核 | Administrator | Jan16@123 | 提供 MySQL 服务 |
| Windows 测试虚拟机 | 172.31.4.131 | CPU：1024MB<br>内核：2 核 | Administrator | Jan16@123 | 提供 DHCP 服务 |

（5）对于所使用的软件和镜像进行规划，如表 2-6 所示。

表 2-6　软件及镜像规划

| 主机名 | 操作系统 | 所需安装的软件及大小 |
|---|---|---|
| ESXi 7-1、ESXi 7-2、ESXi 7-3、ESXi 7-4 | ESXi 7 | VMware-VMvisor-Installer-7.0.0-15843807.x86_64 |
| DC | 基于 Linux 的 vCenter | VMware-VCSA-all-7.0.0-15952498 |
| Vcenter | Windows Server 2012 | VMware-Horizon-Connection-Server-x86_64-7.12.0-15770369.exe（官方最低内存要求 4GB，推荐 10GB） |
| VCS | Windows Server 2012 | VMware-viewcomposer-7.12.0-15747753.exe 43.5M（官方最低内存要求 4GB，推荐 8GB）cn_sql_server_2012_x64.iso |
| Composer | Windows Server 2012 | cn_windows_server_2012_updated_feb_2018_x64_dvd_11636703.iso |
| Windows 10 | Windows 10 | Windows 10enterprice x64 |
| Windows 2012 | Windows Server 2012 | cn_windows_server_2012_updated_feb_2018_x64_dvd_11636703.iso |
| Linux 1 | Linux | CentOS-7-x86_64-DVD-1810.iso |

# 2.6　实验任务

## 2.6.1　任务简介

工程师小莫学习了云计算与虚拟化的基础概念和配置，并在虚拟机上完成了测试，随后便开始着手进行公司虚拟化转型的规划与设计。但是公司领导担心原本的业务系统在平稳运行的情况下，实施虚拟化后，会影响业务的稳定性和安全性，最终影响公司的经济效益，所以经过综合考量，公司决定利用闲置的基础设施（服务器和硬盘）先进行虚拟化的升级改进，并添加一部分新的设备，与原先的设备组成一个新的数据中心，将剩余的设备逐渐虚拟化。在实现虚拟化转型过程中，小莫设计了完整的规划设计方案，内容涵盖网络、底层硬件、存储设备、软件等多个方面，并且经过了公司领导层的同意，在项目实施的过程中严格按照规划实施。

## 2.6.2　任务设计

确定系统管理员的工作任务如下。

（1）制定完善的虚拟化转型规划，综合多种情况，选择服务器、硬盘、网卡、内存、CPU、存储、交换机等设备。

（2）规划各类主机和服务的参数，如各虚拟机、ESXi 主机的 IP 地址、DNS 服务器地址、DHCP 服务器地址等。

（3）选择合适的操作系统版本，以及对应的镜像。

（4）明确虚拟化集群可实现的功能和服务，以及对应功能的应用场景。

### 2.6.3 实验报告

完成以上内容，并完成实验报告。实验至少包含以下内容。

（1）制定完整的规划、如 IP 地址、主机名、软硬件参数。

（2）设计基础功能完善并且具有容错的高可用的虚拟化集群。

# 第 3 章　搭建 VMware 虚拟化平台

## 3.1　ESXi 简介

ESXi 是 VMware 推出的一款优秀的服务器级别的虚拟机。它与常用的虚拟机不同的是,日常使用的虚拟机需要依赖于一个操作系统,比如在 Windows 上使用 VMware,或在 Linux 上使用 VirtualBox。而 ESXi 不依赖于任何操作系统,它本身就可以看作一个操作系统,然后可以在它上面安装系统。VMware ESXi 是用于创建和运行虚拟机的虚拟化平台。

ESXi 简化了虚拟机软件与物理主机之间的操作系统层,直接在裸机上运行,其虚拟化管理层更为精炼,性能更好,效率更高。ESXi 的代码非常精炼,所占空间很小。

### 3.1.1　ESXi 的优势

ESXi 的优势如下。

(1) 整合硬件,以实现更高的容量利用率。

(2) 提升性能,以获得竞争优势。

(3) 通过集中管理功能精简 IT 管理。

(4) 降低 CAPEX 和 OPEX。

(5) 最大限度地减少运行 hypervisor 所需的硬件资源,进而提高效率。

### 3.1.2　ESXi 的特点

ESXi 的特点如下。

(1) 可将多个服务器整合到较少的物理设备中,从而减少对空间、电力和 IT 管理的要求,同时提升性能。

(2) ESXi 占用空间仅为 150MB,却可实现很多功能,同时还能最大限度地降低 hypervisor 的安全风险。

(3) 适应任何大小的应用。支持最高可达 128 个虚拟 CPU、6TB 的 RAM 和 120 台设备,以满足对于虚拟机的应用需求。

### 3.1.3　ESXi 的体系

ESXi 体系的优点如下。

(1) 提高可靠性和安全性。vSphere 5.0 之前的版本中提供的 ESXi 体系结构依赖基于 Linux 的控制台操作系统(COS)来实现可维护性和基于代理的合作伙伴集成。在独立于操作系统的新 ESXi 体系结构中,去除大约 2GB 的 COS,并直接在核心 VMkernel 中实现必备的管理功能。去除 COS 使 vSphere ESXi 虚拟化管理程序的安装占用空间急剧减小到约 150MB,并因消除与通用操作系统相关的安全漏洞而提高安全性和可靠性。

（2）简化部署和配置。新的 ESXi 体系结构的配置项要少得多，因此可以极大地简化部署和配置，并且更容易保持一致性。

（3）减少管理开销。ESXi 体系结构采用基于 API 的合作伙伴集成模型，因此不再需要安装和管理第三方管理代理。利用远程命令行脚本编写环境（如 vCLI 或 PowerCLI），可以自动执行日常任务。

（4）简化程序的修补和更新。简化虚拟化管理程序的修补和更新由于占用空间小并且组件数量有限，ESXi 体系结构所需的补丁程序比早期版本少得多，从而缩短维护时段，并减少安全漏洞。在其生命周期中，ESXi 体系结构所需的补丁程序约为与 COS 一起运行的 ESXi 虚拟化管理程序的 1/10。

## 3.2　ESXi 安装设置

在服务器上安装 ESXi 主机，vSphere 提供了几种方法，分别为交互式、脚本、Auto Deploy 以及基于 CLI。

交互式安装提供了传统的第一人称安装向导。交互式安装程序从网络、CD、DVD 或者 USB 设备引导，然后通过提示信息与 IT 技术人员进行交互。安装程序创建并格式化分区，然后安装 ESXi 引导镜像。该方法通常需要占用 IT 员工大量的时间及注意力，因此最适合一次性安装或者只有几个系统的小规模部署。

脚本化安装使用预定义的配置设置列表。只要安装脚本以及安装程序可以通过磁盘、网络、CD/DVD、USB 或者其他适用介质访问，那么几乎不需要人为干预就能够同时进行大量的安装。然而使用同一脚本将导致被安装的系统完全相同。因此脚本往往最适合用于部署大量完全相同的 ESXi 主机。

vSphere Auto Deploy 与脚本类似，它提供了一个向导，技术人员能够明确定义数百台物理主机的 ESXi 配置及配置文件。Auto Deploy 主要是一款网络引导工具，内容由 Auto Deploy 服务器提供（而非将内容存储在将要安装的单个主机系统中）。

通过 PowerShell"镜像构建器"命令集定制安装 ESXi。在大多数情况下，命令行选项被用于创建 ESXi 镜像升级或者补丁，以进行日常维护。通过将新镜像写入 DVD，或者通过自动化分发机制，如 Auto Deploy 进行分发、部署。

## 3.3　ESXi 7.0 支持的最低硬件配置

### 3.3.1　硬件和系统资源

ESXi 7.0 支持的硬件和系统资源如下。

（1）ESXi 7.0 要求主机至少具有两个 CPU 内核。

（2）ESXi 7.0 支持广泛的多核 64 位 x86 处理器。

（3）ESXi 7.0 需要在 BIOS 中针对 CPU 启用 NX/XD 位。

（4）ESXi 7.0 需要至少 4GB 的物理 RAM，至少提供 8GB 的 RAM，以便能够在典型生产环境中运行虚拟机。

（5）要支持 64 位虚拟机，x64 CPU 必须能够支持硬件虚拟化（Intel VT-x 或 AMD RVI）。

（6）ESXi 7.0 需要一个或多个千兆或更快以太网控制器。

（7）ESXi 7.0 需要至少具有 32GB 永久存储（如 HDD、SSD 或 NVMe）的引导磁盘。仅对 ESXi 引导槽分区使用 USB、SD 和非 USB 闪存介质设备。引导设备不得在 ESXi 主机之间共享。

（8）SCSI 磁盘或包含未分区空间用于虚拟机的本地（非网络）RAID LUN。

（9）对于串行 ATA（SATA），有一个通过支持的 SAS 控制器或支持的板载 SATA 控制器连接的磁盘。SATA 磁盘被视为远程、非本地磁盘。默认情况下，这些磁盘用作暂存分区，因为它们被视为远程磁盘。

### 3.3.2　ESXi 引导要求

vSphere 7.0 支持从统一可扩展固件接口（Unified Extensible Firmware Interface，UEFI）引导 ESXi 主机。可以使用 UEFI 从硬盘驱动器、CD-ROM 驱动器或 USB 介质引导系统。

vSphere Auto Deploy 支持使用 UEFI 进行 ESXi 主机的网络引导和置备。

如正在使用的系统固件和任何附加卡上的固件均支持大于 2TB 的磁盘，则 ESXi 可以从该磁盘进行引导。

### 3.3.3　ESXi 7.0 安装或升级的存储要求

要安装 ESXi 7.0，持久存储设备至少需要为 32GB。要升级到 ESXi 7.0，引导设备至少需要为 4GB。从本地磁盘、SAN 或 iSCSI LUN 引导时，要求至少具有 32GB 磁盘以便能够创建系统存储卷，其中包括引导分区、引导槽和基于 VMFS-L 的 ESX-OSData 卷。ESX-OSData 卷负责旧版/Scratch 分区、VMware Tools 的 Locker 分区和核心转储目标的工作。

## 3.4　项目开发及实现

### 3.4.1　项目描述

正月十六，公司为了能够充分地利用计算、网络、存储资源，在数据中心的建设与管理中逐步引入虚拟化技术。引入 VMware vSphere 技术对服务器集群进行管理，令庞大的服务器集群管理易操作。并且实现高可用的集群，通过对 VMware vSphere 虚拟化套件的部署和使用，重点研究 VMware vSphere 数据中心平台建设以及利用 Openfiler 搭建共享存储的方式实现 HA、FT 等高级功能。要实现以上高级服务，需要在信息中心的服务器上部署基础私有云平台。

### 3.4.2　项目设计

当前已申请 3 台硬件服务器、1 台客户端 PC 和 1 台交换机，用于部署 7.0 版本的 ESXi 平台，设备清单如表 3-1 所示。服务器硬件配置如表 3-2 所示。当前信息中心已将服务器、客户端 PC 根据图 3-1 的拓扑连接到交换机上。

表 3-1 设备清单

| 序 号 | 类 别 | 设 备 | 厂 商 | 型 号 | 数 量 |
|---|---|---|---|---|---|
| 1 | 硬件 | 服务器 | 华为 | H2288 V5 | 3 |
| 2 | 硬件 | 交换机 | 锐捷 | RG-S 2910 | 1 |

表 3-2 服务器硬件配置信息

| 主 机 名 | CPU | 内 存 | 硬 盘 | 用 途 |
|---|---|---|---|---|
| ESXi-1 | 6 核 12 线程 | 32GB | 500GB | 虚拟化服务器 |
| ESXi-2 | 6 核 12 线程 | 8GB | 200GB | 虚拟化服务器 |
| ESXi-3 | 6 核 12 线程 | 8GB | 200GB | 虚拟化服务器 |

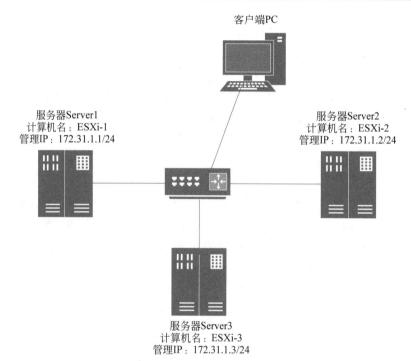

图 3-1 信息中心 ESXi 服务器部署规划

确定系统管理员的工作任务如下。

在信息中心的 3 台服务器上部署基础私有云平台,并设置对应的 IP 地址,私有云平台
搭建完成后使用浏览器 H5 界面访问和管理私有云平台,随后将 Windows 2012 的镜像上传
到 ESXi 平台中,作为以后创建虚拟机的基础镜像。各服务器系统部署规划如表 3-3 所示。

表 3-3 各服务器系统部署规划

| 序号 | 主 机 名 | IP 地址 | 操作系统 | 用 户 名 | 密 码 |
|---|---|---|---|---|---|
| 1 | ESXi-1 | 172.31.1.1 | ESXi 7.0 | root | Jan16@123 |
| 2 | ESXi-2 | 172.31.1.2 | ESXi 7.0 | root | Jan16@123 |
| 3 | ESXi-3 | 172.31.1.3 | ESXi 7.0 | root | Jan16@123 |

### 3.4.3 项目实现

**1. 在 3 台服务器上安装 ESXi 私有云平台**

（1）将镜像刻录到 U 盘内，进入服务器 BIOS 界面内，选择服务器的启动项为 U 盘启动，分别如图 3-2 和图 3-3 所示。

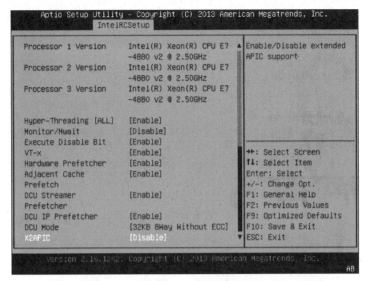

图 3-2　BIOS 界面

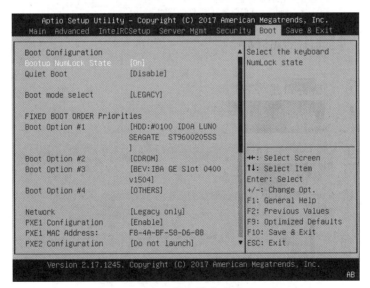

图 3-3　服务器启动项

（2）开始安装 ESXi 操作系统，如图 3-4 所示。

（3）经过一段时间的加载，弹出安装界面，按【Enter】键开始安装，如图 3-5 所示。

（4）开始安装后，进入许可条例界面，按【F11】键，接受许可协议。许可条例界面如图 3-6 所示。

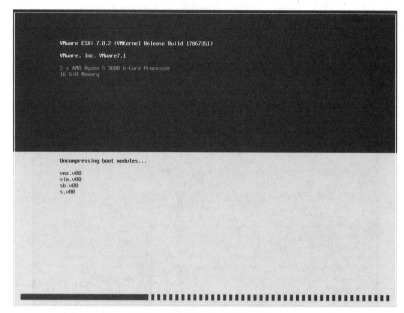

图 3-4　安装 ESXi 操作系统

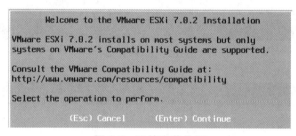

图 3-5　开始安装界面

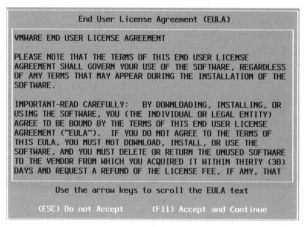

图 3-6　ESXi 许可条例界面

（5）选择安装的磁盘位置,保持默认配置,按【Enter】键,进入下一步操作,即磁盘位置选择界面,如图 3-7 所示。

（6）选择键盘布局,保持默认的英文键盘布局,随后按【Enter】键进入下一步,即选择键

```
                    Select a Disk to Install or Upgrade
         (any existing VMFS-3 will be automatically upgraded to VMFS-5)

* Contains a VMFS partition
# Claimed by VMware vSAN

Storage Device                                                    Capacity
─────────────────────────────────────────────────────────────────────────
Local:
   VMware,  VMware Virtual S (mpx.vmhba0:C0:T0:L0)               142.00 GiB
Remote:
   (none)



     (Esc) Cancel    (F1) Details    (F5) Refresh    (Enter) Continue
```

图 3-7　磁盘位置选择界面

盘布局,如图 3-8 所示。

```
                  Please select a keyboard layout

         Swiss French
         Swiss German
         Turkish
         US Default
         US Dvorak
         Ukrainian
         United Kingdom

                  Use the arrow keys to scroll.

         (Esc) Cancel     (F9) Back     (Enter) Continue
```

图 3-8　选择键盘布局

(7) 设置 ESXi 主机密码,默认使用 root 用户进行登录,按【Enter】键进入下一步操作,即密码设置,如图 3-9 所示。

```
                    Enter a root password

     Root password: *********
  Confirm password: *********_

                    Passwords match.

     (Esc) Cancel     (F9) Back     (Enter) Continue
```

图 3-9　设置 ESXi 主机密码

(8) 按【F11】键,开始正式安装 ESXi,安装界面如图 3-10 所示。

```
                       Confirm Install

     The installer is configured to install ESXi 7.0.2 on:
                    mpx.vmhba0:C0:T0:L0.

             Warning: This disk will be repartitioned.

     (Esc) Cancel       (F9) Back       (F11) Install
```

图 3-10　开始正式安装 ESXi

(9) ESXi 安装完成后,重新启动系统,需要拔出安装介质,随后按【Enter】键,重启提示如图 3-11 所示。

(10) 重启 ESXi 服务器后,进入 ESXi 主界面,如图 3-12 所示。

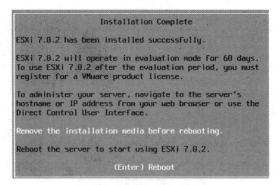

图 3-11　重启 ESXi

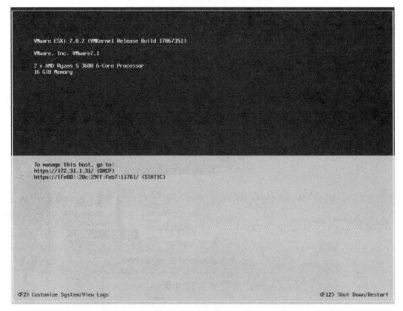

图 3-12　ESXi 主界面

（11）在主界面按【F2】键，输入配置的用户名和密码。登录系统进行初始化配置，如图 3-13 所示。

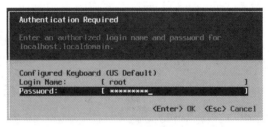

图 3-13　输入系统用户名和密码

（12）通过键盘方向键选择【Configure Management Network】（配置管理网络）选项，随后按【Enter】键进行选择，如图 3-14 所示。

（13）选择【IPv4 Configuration】选项，按【Enter】键进入下一步操作，如图 3-15 所示。

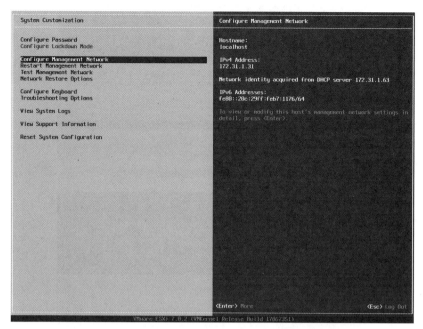

图 3-14 Configure Management Network 选项

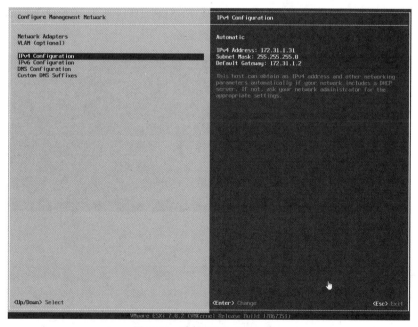

图 3-15 选择 IP Configuration

　　(14) 按【空格】键选择【Set static IPv4 address and network configuration】(设置静态 IP)选项,手动配置 IP 地址为 172.31.1.1,子网掩码为 255.255.255.0,网关地址为 172.31.1.254,如图 3-16 所示。

　　(15) 设置完成后,按【Enter】键,随后按【Esc】键退出,弹出确认网络配置的提示,选择【Y】,代表确认修改,如图 3-17 所示。

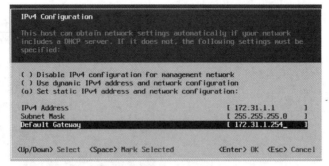

图 3-16 设置 ESXi 主机静态 IP

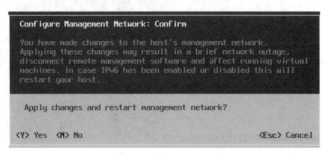

图 3-17 确认网络配置

（16）按【Esc】键返回主界面，查看用于管理 ESXi 的 IP 地址为 172.31.1.1，如图 3-18 所示。到此，ESXi 服务器的安装和 IP 地址的配置完成。

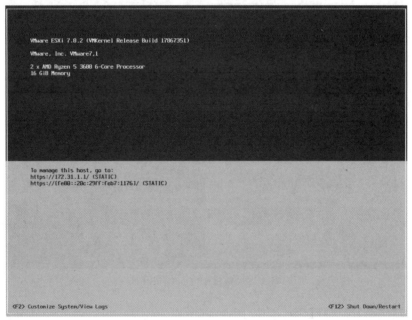

图 3-18 查看用于管理 ESXi 的 IP 地址

**2. 配置与管理 ESXi 私有云平台**

（1）打开浏览器，在地址栏中输入 ESXi 的 IP 地址进行访问，格式为 https://IP 地址，弹出警告界面后，单击【高级】按钮，如图 3-19 所示。

图 3-19　打开浏览器访问 ESXi

（2）单击【继续前往 172.31.1.1（不安全）】，如图 3-20 所示。

图 3-20　继续前往 172.31.1.1

（3）在弹出的登录界面，输入登录 ESXi 的用户名 root 和密码 Jan16@123，如图 3-21 所示。

（4）成功登录 ESXi 主机管理界面，如图 3-22 所示。

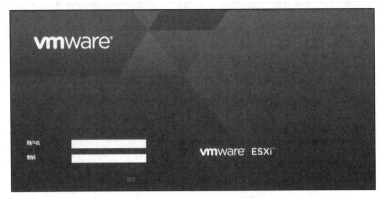

图 3-21　输入登录 ESXi 的用户名和密码

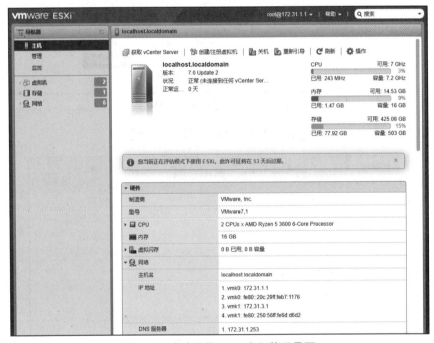

图 3-22　成功登录 ESXi 主机管理界面

（5）在左侧【导航器】选择列表单击【存储】，在弹出的右侧菜单选择【数据存储浏览器】，在弹出的【数据存储浏览器】子界面单击【创建目录】按钮，分别如图 3-23 和图 3-24 所示。

图 3-23　数据存储浏览器（1）

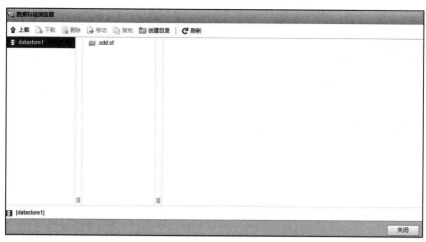

图 3-24 数据存储浏览器(2)

(6) 在【新建目录】界面输入目录名称 SOFT,完成后单击【创建目录】按钮,如图 3-25 所示。

图 3-25 创建目录

(7) 目录创建完成后单击【上载】按钮,上传本地文件到 ESXi 主机,如图 3-26 所示。

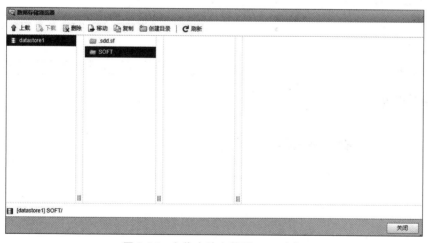

图 3-26 上传本地文件到 ESXi 主机

(8) 选中镜像文件进行上传,如图 3-27 所示。

(9) 文件开始上传,ESXi 主机界面上方显示进度条,如图 3-28 所示。

(10) 镜像文件上传成功,如图 3-29 所示。

图 3-27　选择镜像文件进行上传

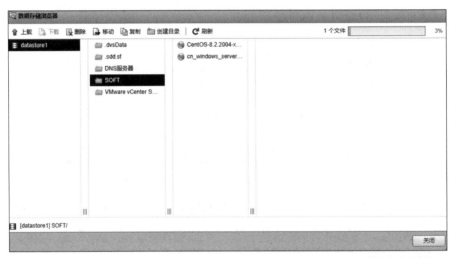

图 3-28　文件开始上传

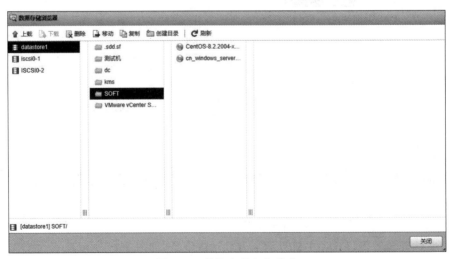

图 3-29　镜像文件上传成功

## 3.5　实验任务 1：搭建 VMware 虚拟化平台

### 3.5.1　任务简介

正月十六,公司为了能够充分利用计算、网络、存储资源,于是在数据中心的建设与管理中逐步引入虚拟化技术。引入 VMware vSphere 技术对服务器集群进行管理,令庞大的服务器集群管理易操作,并且实现高可用的集群,通过对 VMware vSphere 虚拟化套件的部署和使用,重点研究 VMware vSphere 数据中心平台建设,以及利用 Openfiler 搭建共享存储的方式实现 HA、FT 等高级功能。要实现以上高级服务,需要在信息中心的服务器上部署基础私有云平台。

当前已申请 3 台硬件服务器、1 台客户端 PC 和 1 台交换机,用于部署 7.0 版本的 ESXi 平台,设备清单见表 3-1。服务器硬件配置信息见表 3-2。当前信息中心已将服务器、客户端 PC 根据图 3-1 的拓扑结构连接到交换机上。

### 3.5.2　任务设计

系统管理员的工作任务如下。

私有云平台搭建完成后使用浏览器 H5 界面访问和管理私有云平台,随后将 Windows Server 2012 的镜像上传到 ESXi 平台中,作为以后创建虚拟机的基础镜像。各服务器系统部署规划见表 3-3。

### 3.5.3　实验报告

完成以上内容,并完成实验报告。实验至少包含以下内容。

(1) 可观察到 ESXi 界面中出现正确的 IP 地址、主机名、版本号、硬件参数。

(2) 进入 ESXi 后台管理界面,查看正确的管理网卡和地址。

## 3.6　实验任务 2：配置 VMware 虚拟化平台

### 3.6.1　任务简介

正月十六,公司为了能够充分利用计算、网络、存储资源,于是在数据中心的建设与管理中逐步引入虚拟化技术。引入 VMware vSphere 技术对服务器集群进行管理,令庞大的服务器集群管理易操作,并且实现高可用的集群,通过对 VMware vSphere 虚拟化套件的部署和使用,重点研究 VMware vSphere 数据中心平台建设,以及利用 Openfiler 搭建共享存储的方式实现 HA、FT 等高级功能。要实现以上高级服务,需要在信息中心的服务器上部署基础私有云平台。

当前已申请 3 台硬件服务器、1 台客户端 PC 和 1 台交换机,用于部署 7.0 版本的 ESXi 平台,设备清单见表 3-1。服务器硬件配置信息见表 3-2。当前信息中心已将服务器、客户端 PC 根据图 3-1 的拓扑结构连接到交换机上。

### 3.6.2 任务设计

系统管理员的工作任务如下。

私有云平台搭建完成后使用浏览器 H5 界面访问和管理私有云平台,随后将 Windows Server 2012 的镜像上传到 ESXi 平台中,作为以后创建虚拟机的基础镜像。各服务器系统部署规划见表 3-3。

### 3.6.3 实验报告

完成以上内容,并完成实验报告。实验至少包含以下内容。

(1) 使用浏览器连接到 ESXi 主机中,确认客户端可正常对 ESXi 服务器进行访问和管理。

(2) 查看 ESXi 主机内数据存储,并且上传镜像文件到新建文件夹内。

# 第 4 章　搭建 iSCSI 目标存储服务器

iSCSI(Internet Small Computer System Interface)是一种在 Internet 协议上,特别是以太网上进行数据块传输的标准,它是一种基于 IP Storage 理论的新型存储技术,该技术是将存储行业广泛应用的 SCSI 接口技术与 IP 网络技术相结合,可以在 IP 网络上构建 SAN 存储区域网,简单地说,iSCSI 就是在 IP 网络上运行 SCSI 协议的一种网络存储技术。

Openfiler 是一个基于浏览器的免费网络存储管理实用程序,由 rPath Linux 驱动,可以在单一框架中提供基于文件的网络连接存储(NAS)和基于块的存储区域网(SAN),支持 CIFS、NFS、HTTP/DAV 和 FTP。

## 4.1　存储的概念和术语

下面介绍几个关于存储的概念和术语。

1) 小型计算机系统接口(Small Computer System Interface,SCSI)

SCSI 一般作一个输入输出的接口(如硬盘光盘等接口)。

2) 光纤通道(Fibre Channel,FC)

FC 的特点有数据传输速率高、传输距离远、可以连接很多的设备、稳定性强、安装简单。

3) 直连式存储(Direct-Attached Storage,DAS)

DAS 即直接连接存储,效率低。存储设备通过 SCSI 接口或者通过光纤通道直接连接到某台计算机上,一般当服务器在地理位置上比较分散或者很难通过远程连接互访的时候可以通过 DAS 进行存储和共享。

其缺点是不方便,扩展不佳,只能通过与它相连接的主机进行访问,同时也会占用服务器操作系统的一些资源,如 CPU、I/O,数据量越大占用资源的情况也就越严重。

4) 网络接入存储(Network-Attached Storage,NAS)

NAS 是一种文件共享服务,拥有自己的文件系统,它为文件系统管理和访问做了专门的优化,通过 NFS 或 CIFS 对外提供文件访问服务。特别适用于在企业里有大量文件需要共享的时候。

其缺点是:所有的共享与访问都是通过网络连接的方式实现的,当网络出现拥堵的情况下会对传输产生影响。大并发,数据量大,容易出现瓶颈。

5) 存储区域网络(Storage Area Network,SAN)

SAN 是通过光纤交换机、光纤集线器等设备,将磁盘阵列、磁带等存储设备与服务器相连接,构成高速专用子网。

## 4.2 iSCSI 技术的优势

与传统的 SCSI 技术比较，iSCSI 技术有以下 3 个革命性的变化。

（1）把原来只用于本机的 SCSI 通过 TCP/IP 网络传送，使连接距离可作无限的地域延伸。

（2）连接的服务器数量无限。

（3）由于是服务器架构，因此也可以实现在线扩容以至动态部署。

## 4.3 iSCSI 的架构

iSCSI 可分为以下 3 种类型的架构。

**1. 控制器架构**

iSCSI 采用专用的数据传输芯片、专用的 RAID 数据校验芯片、专用的高性能 Cache 缓存和专用的嵌入式系统平台，是一个核心全硬件的设备。

优点：具有较高的安全性和稳定性。

缺点：核心处理器全部采用硬件，制造成本较高，因而售价也很高。

适用环境：可用于对性能的稳定性和高可用性具有较高要求的在线存储系统，如中小型数据库系统、大型数据库备份系统、远程容灾系统等。

**2. iSCSI 连接桥架构**

连接桥架构分为以下两个部分。

（1）前端协议转换设备。

前端协议转换部分一般是硬件设备，只有协议转换功能，没有 RAID 校验和快照、卷复制等功能，因此，创建 RAID 组、创建 LUN 等操作必须在存储设备上完成。

（2）后端存储。

后端存储一般采用 SCSI 磁盘阵列和 FC 存储设备。

**3. PC 架构**

PC 架构也就是将存储设备搭建在 PC 服务器上，通俗地说就是选择一个性能良好、可支持多块硬盘的 PC 服务器，然后选择一款成熟的存储端管理软件（iSCSI Target），并将软件安装在这台 PC 服务器上，这样就将一个普通的 PC 服务器变成一台 iSCSI 存储设备。最后通过 PC 服务器的以太网卡对外提供 iSCSI 数据传输服务。

客户端主机可以安装 iSCSI 客户端（iSCSI Initiator）软件，通过以太网连接 PC 服务器共享出来的存储空间。

## 4.4 iSCSI 存储连接方式

iSCSI 存储的 3 种连接方式如下。

**1. 以太网卡＋Initiator 软件方式**

服务器、工作站等主机使用标准的以太网卡，通过以太网线直接与以太网交换机连接，

iSCSI 存储也通过以太网线连接到以太网交换机上，或直接连接到主机的以太网卡上。在主机上安装 Initiator 软件。

优点：在现有网络基础上即可完成，成本很低。

缺点：消耗客户端主机部分资源。

适用环境：在低 I/O 和低带宽性能要求的应用环境中。

**2. 硬件 TOE 网卡＋Initiator 软件方式**

具有 TOE(TCP Offload Engine)功能的智能以太网卡可以将网络数据流量的处理工作全部转到网卡的集成硬件中完成。客户端主机可以从繁忙的协议中解脱出来。

优点：采用 TOE 网卡后可以大幅提高数据的传输速率，降低客户端主机的资源消耗。

缺点：需要购买 TOE 功能的网卡，成本较高。

**3. iSCSI HBA 卡连接方式**

也就是在客户端主机上安装专业的 iSCSI HBA 适配卡，从而实现主机与交换机之间、主机与存储之间的高效数据交换。

优点：数据传输性能最好。

缺点：需要购买 iSCSI HBA 适配卡，成本较高。

TOE 网卡和 iSCSI HBA 卡的市场价格都比较贵，如果主机较少的话，还可以接受，如果网络主机较多，成本消耗很大。

## 4.5　iSCSI 系统的组成

一个简单的 iSCSI 系统大致由以下部分组成。
- iSCSI Initiator(客户端软件)或者 iSCSI HBA(客户端硬件)。
- iSCSI Target(iSCSI 存储端)。
- 以太网交换机。
- 一台或者多台服务器。

## 4.6　iSCSI Target 概念

一个可以被用于存储数据的 iSCSI 磁盘阵列或者具有 iSCSI 功能的设备都可以被称为 iSCSI Target。

利用 iSCSI Target 软件，可以将服务器的存储空间分配给客户机使用，客户机就可以像使用本地硬盘一样使用 iSCSI 磁盘。

目前大多数 iSCSI Target 软件都是收费的，不过，也有一些 Linux 平台开源的 iSCSI Target 软件，如 iSCSI Enterprise Target。

## 4.7　iSCSI Initiator 概念

iSCSI Initiator 是安装在计算机上的一个软件或一个硬件设备，它负责与 iSCSI 存储设备进行通信。

iSCSI 服务器与 iSCSI 存储设备之间的连接方式有两种：第一种是基于软件的方式，即软件 iSCSI Initiator；第二种是基于硬件的方式，即硬件 iSCSI Initiator。

iSCSI Initiator 软件一般都是免费的，CentOS 和 RHEL 对 iSCSI Initiator 支持非常不错，现在的 Linux 发行版本都默认已经自带 iSCSI Initiator。

## 4.8  iSCSI 系统工作原理

iSCSI 协议定义了在 TCP/IP 网络发送、接收 block（数据块）级的存储数据的规则和方法。

发送端将 SCSI 命令和数据封装到 TCP/IP 包中，再通过网络转发；接收端收到 TCP/IP 包后，将其还原为 SCSI 命令和数据并执行，完成后将返回的 SCSI 命令和数据再封装到 TCP/IP 包中传送回发送端。

整个过程在用户看来，使用远端的存储设备就像访问本地的 SCSI 设备一样简单。

## 4.9  Openfiler 功能特点

整个软件包与开放源代码应用程序（如 Apache、Samba、LVM2、ext3、Linux NFS 和 iSCSI Enterprise Target）连接。Openfiler 将这些随处可见的技术组合到一个易于使用的小型管理解决方案中，该解决方案通过一个基于 Web 且功能强大的管理界面实现。

在此仅使用它的 iSCSI 功能，为 Oracle10g RAC 需要的共享存储组件实现低成本的 SAN。通过 USB 2.0 接口将一个 500GB 的外置硬盘驱动器连接到 Openfiler 服务器。Openfiler 服务器将配置为使用该磁盘进行基于 iSCSI 的存储，并且将在 Oracle10g RAC 配置中用于存储 Oracle 集群所需的共享文件以及所有 Oracle ASM 卷。

## 4.10  Openfiler 系统设置

与 ESX Server 非常相似，在控制台，Openfiler 仅提供命令行界面进行管理操作，另外还提供了 Web 管理界面。在运行实验环境的主机上建立一块新的虚拟网卡，将其连接到 VMnet2，IP 地址为 10.0.2.2。设置完成后，在浏览器地址栏输入 https://10.0.2.2:446/ 打开 Openfiler 的 Web 管理界面。

与 ESX Server 不同的是，Openfiler 用于 Web 管理的用户并非是在安装时设定的 Root 账户，而是一个默认的内置账户 openfiler，其密码默认为 password，需要在登录后对其进行修改。输入 openfiler 账户信息后，单击 LogIn 按钮进入 Openfiler Web 管理界面（第一次登录时会显示一个提示信息，直接单击其中的管理链接即可显示管理界面）。进入管理界面后，首先看到的是系统状态信息，其中显示了服务器的资源消耗情况和硬件信息。

接下来出于安全考虑，首先要修改管理员的密码。单击页面上 Accounts 选项卡。随后再单击右侧窗格的 AdminPassword 链接，然后在左侧窗格中输入默认的管理员密码和新的管理员密码两次，单击 Submit 按钮完成管理员密码的修改。

**1. 对 Openfiler 进行初始配置**

为其建立 NAS 和 iSCSI 共享存储,并且可以被 ESXi Server 所访问,对 Openfiler 进行初始配置的具体步骤如下。

(1) 首先需要将 ESX Server 的地址加入网络访问地址列表中。选择 System 选项卡,在 Network Access Configuration 部分输入 ESX Server1 的 VMkernel 所对应的 IP 地址,并为其指定一个标识名称(虽然服务控制台也需要与 Openfiler 进行通信,但是其并不传输 iSCSI 流量,因此可以不在此对其进行设置)。要特别注意的是,连接类型一定要选择 Share,子网掩码为 255.255.255.254。也可以将某一网段设置为访问地址,比如可以输入 10.0.2.0/255.255.255.0。但是通常出于安全考虑,还是针对 IP 地址进行设置好一些。设置完成后,单击 Update 按钮。

(2) 随后选择 Volumes 选项卡,单击右侧窗格的 Block Devices,页面左侧将显示 Openfiler 上安装的磁盘列表。单击其中的/dev/sdb,对第 2 块磁盘进行设置。

(3) 由于在前面安装时未对第 2 块磁盘进行任何分区设置,因此其全部空间可用于分区。在分区类型中选择 Physical volume,建立物理卷。然后单击 Create 按钮创建新的分区。

(4) 等待一段时间后,即会显示刚才创建的分区信息。随后再单击右侧窗格中的 Volume Groups,对卷组进行设置。

(5) 输入卷组的名称,并选择刚才建立的物理卷,单击下面的 Add volume group 按钮完成卷组设置。

(6) 卷组中可以加入多个物理卷,进而可以提供跨越多个分区和磁盘的存储空间,从而实现存储空间的灵活管理。从某种意义上来说,这也是一种存储虚拟化的实现方式。

(7) 随后会显示刚才建立的卷组信息,再单击右侧窗格中的 Add Volume,在此卷组上建立新的卷。

(8) 接下来,要在此卷组中建立一个 iSCSI 卷以供 ESX Server 主机使用。要注意的是,在卷类型中一定要选择 iSCSI。在此实验中,我们分配了一半的空间给 iSCSI 卷,另一半空间则预留给后面的 NAS 存储实验使用。设置完成后,单击 Create 按钮完成 iSCSI 卷的建立。

(9) 经过很短的等待后,可以通过单击卷信息右侧的选项对卷进行删除、编辑配置和创建快照。通过对卷的编辑,还可以将卷组中的自由空间分配给它,从而实现对卷的扩容。

(10) 接下来选择 Services 选项卡,单击其中 iSCSI Target Server 右侧的 Enable 来启动 iSCSI Target 服务。单击后,iSCSI Target 服务状态会显示为 Enabled。

(11) 随后选择 Volumes 选项卡,单击右侧窗格中的 iSCSI Targets,然后单击 Add 按钮,建立新的 iSCSI Target,完成后,会显示刚建立的卷的信息和配置页面。随后再选择 iSCSI Targets,配置页面的 LUN Mapping 选项卡,将 iSCSI 卷映射到刚建立的 Target,单击页面中的 Map 按钮,完成 iSCSI 卷到 Target 的映射。

(12) 随后会显示刚才建立的映射信息,通过单击 Unmap 按钮可以取消此映射关系。接下来,再选择 iSCSI Targets 配置页面的 Network ACL 选项卡,对 Target 的访问进行设置。

(13) 接下来会显示网络访问列表,在其中可以看到在前面为 ESX Server1 设置的记录。将其右侧的选项修改为 Allow,单击下面的 Update 按钮完成设置,要注意的是,每建立一台连接到 Openfiler 的 ESX Server 主机,都要进行这样的设置,才可以保证其正常连接。

（14）至此,已经完成在 Openfiler 端的 iSCSI 配置工作。只要再对 ESX Server 进行一些设置,就可以使用它提供的存储空间。

**2. 进行 NAS 的设置**

（1）正如前面提到的,ESX Server 不但可以访问 SAN 和 iSCSI 存储设备,还可以访问 NAS 提供的存储空间,将其作为存放虚拟机的共享存储空间。这样就可以使用很多低成本网络存储设备,从而降低 VI 架构的实施成本。不过要注意的是,在本书写作时,ESX Server 还只能支持 NFSv3。因此,在购买 NAS 存储设备时,一定要和厂商确认其产品可以支持 ESX Server。我们将利用在前面建立的卷组中的剩余空间建立 NAS 存储卷。在 Openfiler Web 管理界面中选择 Volumes 选项卡,随后单击右侧的 Add Volume 按钮。

（2）这次卷类型为 XFS,使用卷组 VMware 上的全部剩余空间。设置完成后,单击 Create 按钮建立 NAS 卷。

（3）随后便可以看到卷组上的卷列表,其中就包括刚才建立的 NAS 卷,再选择 Services 选项卡,单击 NFSv3 Server 右侧的 Enable,启动 NFSv3 服务。

（4）接下来,选择 Shares 选项卡,单击 VMware 卷组下的 NAS For VMware 选项,在弹出的窗口中输入用于 ESX Server 连接的装载点的名称,随后单击 CreateSub-folder 按钮完成装载点的建立。

（5）单击 NAS For VMware 下刚建立的 NAS2ESX,在弹出的窗口单击 Make Share 按钮。

（6）接下来会显示装载点共享的设置页面,在 ShareAccess Control Mode 部分选择 Public guest access 选项,然后单击 Update 按钮将此装载点设置为可以匿名访问。要注意的是,设置为可以匿名访问的装载点将不要求进行安全验证,因此会带来一定的安全隐患。这里为了简化实验的操作步骤才使用此模式。在生产系统中,用户应根据自己的情况选定相应的访问模式。

（7）在 Hostaccess configuration 部分,需要在 NFS 处配置为 ESX Server 主机对应的记录,选择 RW 选项,从而使得 ESX Server 对此装载点可以进行读写操作。完成设置后,单击 Update 按钮。

至此,便完成了 Openfiler 端的全部配置工作,它已经可以提供 iSCSI 和 NAS 存储空间。接下来,在 ESX Server 进行设置,将它们作为存储虚拟机的共享空间使用。

**3. Openfiler 连接**

（1）要连接 iSCSI 设备,首先需要为 ESX Server 打开此功能设置。在 VI 客户端中,选中 ESX Server1,再选择"配置"选项卡,单击其硬件窗格中的"存储适配器",然后再选择窗口右侧中的"iSCSI 软件适配器",单击下面的"属性"按钮。

（2）相信很多读者看到"iSCSI 软件适配器"时,会想到是否有"iSCSI 硬件适配器"呢?事实上,确实有这样的设备——iSCSI HBA 卡。实际上有 3 种 iSCSI 存储实现方式——软件 Initiator 驱动程序(在上面配置的就是这种方式)、硬件的 TOE(TCP Offload Engine,TCP 卸载引擎)HBA 卡及 iSCSI HBA 卡。就性能而言,软件 Initiator 驱动程序最差;TOE HBA 卡居中;iSCSI HBA 卡最佳。但是 iSCSI HBA 只能运行 iSCSI 协议,无法运行 NFS

或微软制定的 CIFS(Common Internet File System)等系统协议与应用服务器沟通。而软件 Initiator 驱动程序及 TOE HBA 卡则同时支持 iSCSI、NFS 及 CIFS 3 种协议。就成本而言,iSCSI HBA 卡最高,TOE HBA 卡居中,而软件 Initiator 驱动程序基本上没有成本。在实际应用中,iSCSI HBA 卡的性能未必比软件 Initiator 驱动高很多。通常只有在数据块大于 128KB 时才会具有一定的优势。它的主要优势是 CPU 占用率很低,但是主流服务器的处理能力已经足以应付软件 Initiator 驱动程序带来的性能损失。也许在万兆级别的 iSCSI 环境中,iSCSI HBA 卡的优势更加明显;但是在这一应用级别,iSCSI 的成本已经接近甚至超过很多光纤通道解决方案。

(3) 单击"常规"选项卡中的"配置"按钮,在随后弹出的窗口中选中"已启用"选项,再单击"确定"按钮完成 iSCSI 软件适配器的启用。

(4) 接下来,便可以看到 iSCSI 软件适配器已经启用界面,窗口中显示了软件适配器的名称和别名,然后选择"动态发现"选项卡。

(5) 在弹出的对话框中单击"添加"按钮,随后输入 Openfiler 的 IP 地址。单击"确定"按钮,即可完成 iSCSI 服务器的添加,如果 ESX Server 连接了多台 iSCSI 设备,则可以重复上面的过程,将其全部添加到列表中。

(6) 对于 ESX Server 的早期版本,需要在添加 iSCSI 服务器前手工打开其相应的防火墙端口。但是 ESX Server 3.5 Update 3 已经可以在添加 iSCSI 服务器前自动完成这一过程,如果使用的是早期版本,一定要事先打开防火墙端口,否则将无法完成与 iSCSI 服务器的连接。

(7) 完成 iSCSI 服务器的添加后,单击"关闭"按钮,会出现由于配置更改,要求对主机进行重新扫描的提示对话框。

(8) 单击"是"按钮,让系统完成自动扫描过程。随后可以看到在 Openfiler 中建立的 iSCSI 卷的相关信息。

(9) 要注意的是,这个自动扫描过程将会扫描主机上所有的 HBA 卡和存储适配器,如果此类设备较多或连接了较多的卷(LUN),此过程将会耗费较长的时间。因此对于此类情况,可以在前面的提示对话框中单击"否"按钮,然后再单独扫描 iSCSI 软件适配器即可。

(10) 在 Openfiler 的 Web 管理界面中,选择"Status"选项卡后,单击"iSCSI Targets",即可看到 ESX Server1 的连接信息。

(11) 如果打开 ESX Server 的控制台,还会看到 iSCSI 登录以及连接信息。下面将此 iSCSI 卷格式化 VMFS 分区,以供虚拟机存储之用。

(12) 单击 VI 客户端"配置"选项卡中的"存储器",再单击其右侧的"添加存储器"按钮,打开"添加存储器向导"对话框。

(13) 随后选择"磁盘/LUN"存储类型,单击"下一步"按钮继续。

(14) 接下来会看到刚刚添加的 iSCSI 存储设备,选择它后单击"下一步"按钮继续。

(15) 在弹出的对话框中会显示磁盘布局信息。由于并未对此空间进行任何分区和格式化的操作,因此会显示此磁盘为空白,单击"下一步"按钮继续。

(16) 接下来要输入数据存储的名称,此名称仅用于标识作用。单击"下一步"按钮继续。

(17) 格式化选项与前面的"ESX Server 初始配置"中的同样配置相同。单击"下一步"按钮继续。

（18）随后会显示新建数据存储的确认信息，单击"完成"按钮开始建立创建 VMFS 数据存储过程。随后便可以在存储器列表中看到刚才建立的 iSCSI 数据存储。

**4. 连接 NAS 存储**

（1）在 ESX Server"配置"选项卡中单击"存储器"选项后，再单击右侧的"添加存储器"按钮。在弹出的"添加存储器向导"对话框中选择"网络文件系统"选项作为存储类型。单击"下一步"按钮继续。

（2）在弹出的对话框中输入 NAS 服务器的地址、装载点和数据存储的名称，设置完成后，单击"下一步"按钮继续。

（3）接下来会显示 NAS 连接设置的确认信息，单击"完成"按钮结束配置。

（4）随后便可以在存储器列表中看到刚才添加的 NAS 装载点，下面我们来看看如何将 ESX Server1 上的虚拟机 w2kwebserver 迁移到 iSCSI 存储 IPSAN 之上。

（5）在 VI 客户端，右击虚拟机 w2kwebserver，从弹出的快捷菜单中选择"迁移"选项。在弹出的"迁移虚拟机向导"对话框中指定虚拟机的迁移目标。如果 VC 连接了多台 ESX Server，此时可以指定其他的 ESX Server 作为迁移目标。等待兼容性验证信息显示"确认成功"后，单击"下一步"按钮继续。

（6）虚拟机迁移向导会在选择迁移目标后，对其进行兼容性和配置验证。如果发现目标并不支持选定的虚拟机，则会在下面显示相应的提示信息。

（7）接下来会提示选定将虚拟机放在哪个资源池中。对于资源池的概念和设置，将在后面的内容中进行介绍。单击"下一步"按钮继续。

（8）在弹出的对话框中选择"移动虚拟机配置文件和虚拟磁盘"选项，将虚拟机配置文件和虚拟磁盘文件移动到在下面列表中选中的存储位置。如果需要将配置文件和虚拟磁盘文件移动到不同的存储位置，则可以单击"高级"按钮，分别为其指定不同的存储目标。单击"下一步"按钮继续。

（9）接下来会显示虚拟机迁移确认信息对话框。可以看到，目标资源池为 Resources。这是由于在 ESX Server 主机上没有手工建立资源池时，默认会建立一个隐含的名为 Resources 的资源池。单击"完成"按钮后，会启动虚拟机迁移过程。等待一段时间后，虚拟机 w2kwebserver 的迁移便完成，随后参考前面的步骤，将虚拟机 Check_Point_VPN-1_R65 _VE 迁移到 NAS2ESX 中。要注意的是，在 Check_Point_VPN-1_R65_VE 迁移时向导过程会提示兼容性警告信息。

# 4.11　项目开发及实现

## 4.11.1　项目描述

正月十六，工程师小莫发现公司往虚拟化架构转型的过程中，存储设备是较重要的设备之一。只有正确配置存储，正确搭建共享存储，未来才能实现 vSphere 的高级特性，如迁移、分布式调度、高可用等功能。经过规划，工程师小莫决定使用 Openfiler 和 CentOS 7 搭建 iSCSI 共享存储，用于 ESXi 的共享存储资源池的组建。

### 4.11.2　项目设计

部门当前已申请两台服务器,一台安装 Openfiler 系统,另外一台安装 CentOS,并使用这两台服务器搭建 iSCSI 共享存储。两台存储服务器的 IP 地址、系统参数和 iSCSI 参数如表 4-1 所示,共享存储使用 CHAP 进行验证,CHAP 挑战的参数如表 4-2 所示。存储服务器 IP 部署规划如图 4-1 所示,当前存储服务器已连接到存储专用的标准交换机 vSwitch3 中,并且 ESXi-1 主机已添加一张新的千兆网卡,将存储流量和管理流量进行分离。

表 4-1　服务器的 IP 地址、系数参数和 iSCSI 参数

| 主 机 名 | IP 地址 | 磁盘容量 | iSCSI 限定名称(iqn) | iSCSI 大小 |
| --- | --- | --- | --- | --- |
| Openfiler | 172.31.3.5 | 200GB | iqn.2021-09.com.jan16:openfiler | 100GB |
| CentOS-iSCSI | 172.31.3.6 | 200GB | iqn.2021-09.com.jan16:CentOS | 100GB |

表 4-2　CHAP 挑战的参数

| 名　　称 | 密　　钥 |
| --- | --- |
| openfiler | Jan16@123 |

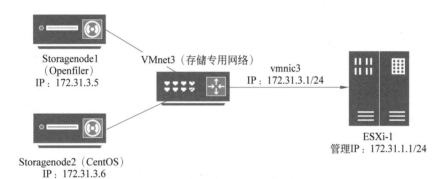

图 4-1　存储服务器 IP 部署规划

系统管理员的工作任务如下。

在两台不同操作系统的服务器内分别搭建不同的 iSCSI 服务,并新建标准交换机 vSwitch3,创建存储专用的 VMK 网卡,最后在 ESXi 主机内配置连接 iSCSI 共享存储,并挂载使用。

### 4.11.3　项目实现

**1. 创建服务器区域的 iSCSI 网络存储(Openfiler)**

(1) 进入 Openfiler 安装界面,按【Enter】键进入下一步操作,如图 4-2 所示。

(2) 选择默认键盘布局【U.S.English】,单击【Next】按钮进行下一步操作,如图 4-3 所示。

(3) 跳出初始化警告界面,单击【No】按钮,如图 4-4 所示。

(4) 勾选【sda】作为系统安装位置,剩余硬盘用作搭建 iSCSI 共享存储,随后单击【Next】按钮进入下一步操作,系统安装位置选择界面如图 4-5 所示。

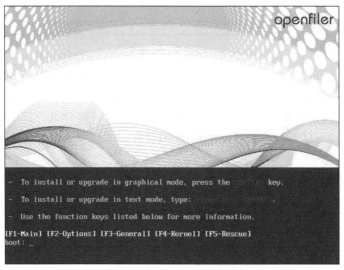

图 4-2　Openfiler 安装界面

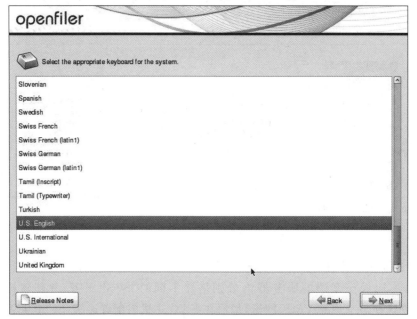

图 4-3　键盘布局界面

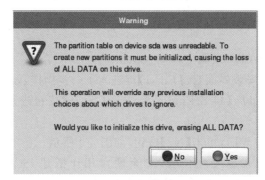

图 4-4　初始化警告界面

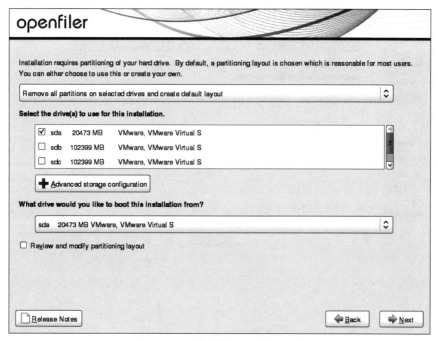

图 4-5　系统安装位置选择界面

（5）弹出网络配置界面，单击【Edit】按钮，对网卡进行编辑，如图 4-6 所示。

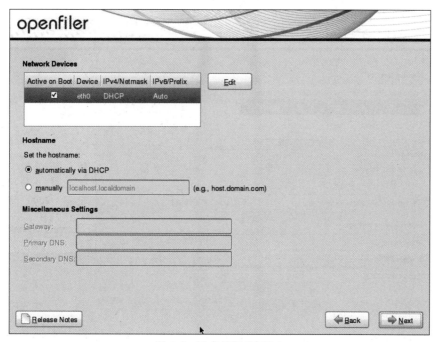

图 4-6　网卡编辑界面（1）

（6）在【Enable IPv4 support】选项卡选择子按钮【Manual configuration】，手动对网卡
进行 IP 地址和子网掩码的配置，随后单击【OK】按钮进行下一步操作，网卡 IP 配置界面如
图 4-7 所示。

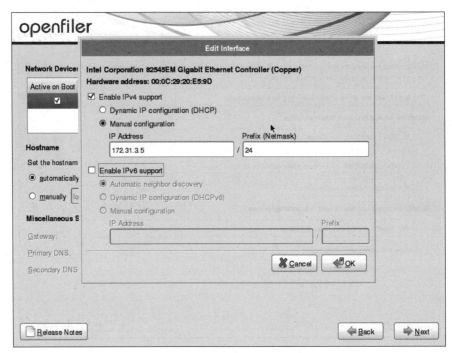

图 4-7　网卡 IP 配置界面

（7）返回网卡编辑界面后，单击【Next】按钮进入下一步操作，如图 4-8 所示。

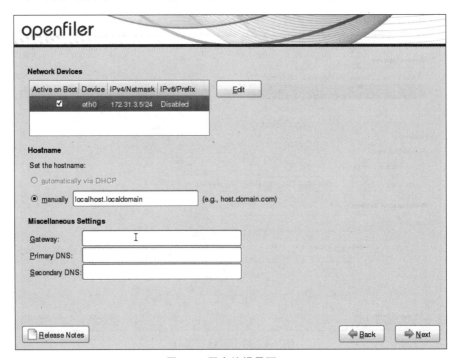

图 4-8　网卡编辑界面（2）

（8）在时区选择界面，选择时区【Asia/Shanghai】，随后单击【Next】按钮进入下一步操作，如图 4-9 所示。

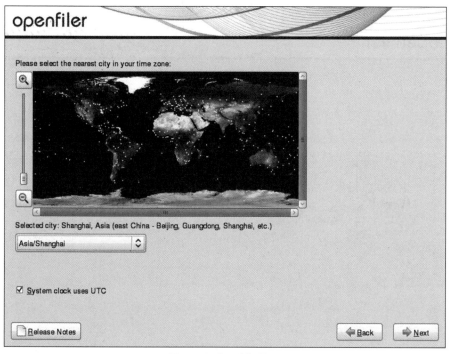

图 4-9　时区选择界面

（9）设置管理员密码为 Jan16@123，操作完成后单击【Next】按钮，进入下一步操作，如图 4-10 所示。

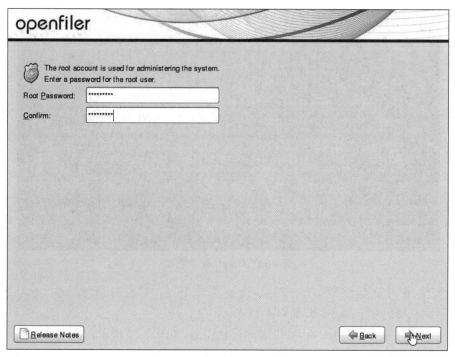

图 4-10　管理员密码设置界面

（10）单击【Reboot】按钮，等待系统重启，如图 4-11 所示。

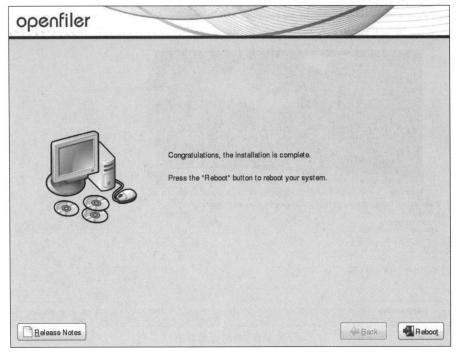

图 4-11　系统重启操作界面

（11）重启完成后进入 Openfiler 主界面，如图 4-12 所示。

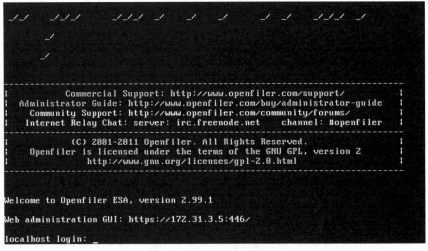

图 4-12　Openfiler 主界面

（12）使用浏览器登录 Openfiler，地址为 https://172.31.3.5:446，默认账号是 openfiler，默认密码是 password，如图 4-13 所示。

（13）成功登录 Openfiler 后，可以看到配置界面，如图 4-14 所示。

（14）进行 iSCSI 的操作配置，首先单击【Volumes】标签，随后单击【create new physical volumes】，即创建物理卷，其界面如图 4-15 所示。

图 4-13　Openfiler 浏览器登录界面

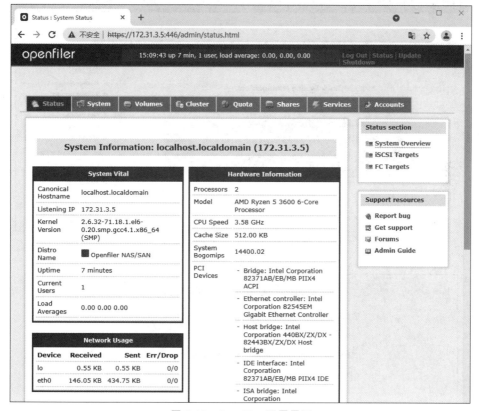

图 4-14　Openfiler 配置界面

（15）弹出磁盘列表，单击【/dev/sdb】进行磁盘参数的配置，如图 4-16 所示。

（16）在【Partition Type】选项卡选择【RAID array member】，将/dev/sdb 创建为磁盘阵列成员，如图 4-17 所示。

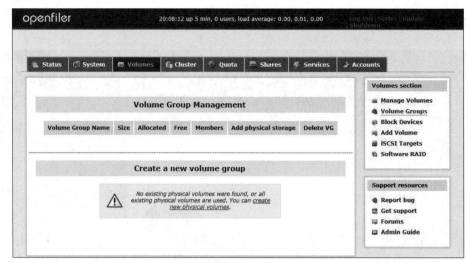

图 4-15　创建物理卷界面

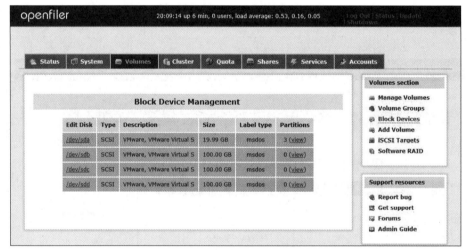

图 4-16　磁盘参数配置界面

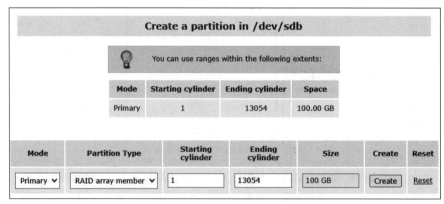

图 4-17　创建磁盘阵列成员

（17）查看创建好的分区，随后按照步骤（15）和步骤（16）将【/dev/sdc】和【/dev/sdd/】都创建为磁盘阵列成员，创建完成后分区显示界面如图 4-18 所示。

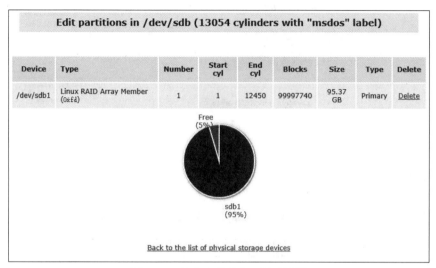

图 4-18　创建完成后分区显示界面

（18）单击右侧的【Software RAID】按钮创建 RAID 卷，勾选 3 块磁盘【/dev/sdb1】、【/dev/sdc1】、【/dev/sdd1】，然后单击【Add array】按钮，如图 4-19 所示。

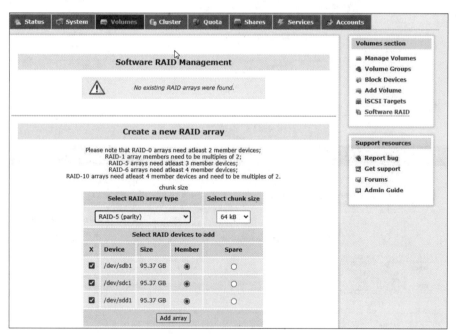

图 4-19　创建 RAID 卷界面

（19）磁盘阵列创建完成，如图 4-20 所示。

（20）勾选物理卷【/dev/md0】，然后单击【Add volume group】按钮增加一个新的卷组，如图 4-21 所示。

（21）创建完成的卷组名称为 iscsi-1，大小为 190.72GB，创建结果如图 4-22 所示。

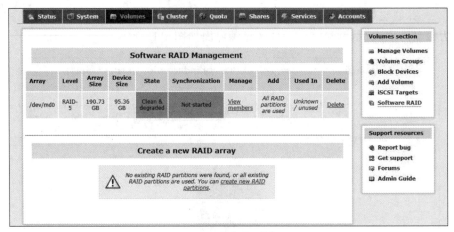

图 4-20　磁盘阵列界面

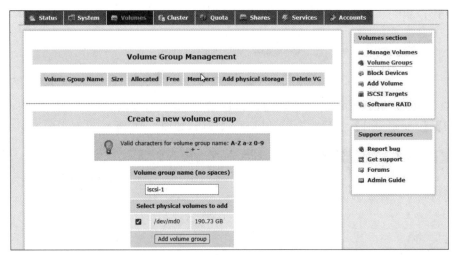

图 4-21　添加卷组界面

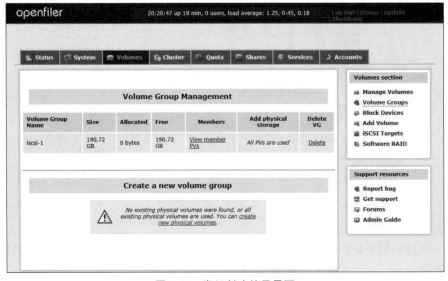

图 4-22　卷组创建结果界面

（22）在【Volumes】选项卡选择【Add Volume】后，单击【Change】按钮创建卷，选择卷组创建卷界面如图 4-23 所示。

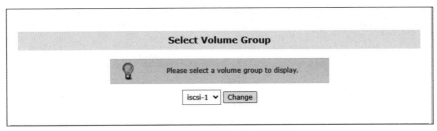

图 4-23 选择卷组创建卷界面

（23）设置卷的大小为 195296MB、名称为 iscsi-1、文件系统类型为 block（iSCSI，FC，etc），然后单击【Create】按钮创建卷，卷属性设置界面如图 4-24 所示。

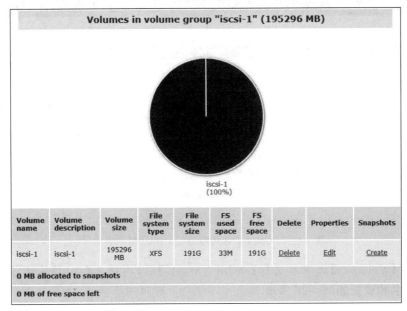

图 4-24 卷属性设置界面

（24）创建完成后可查看卷的详细信息，如图 4-25 所示。

**Volumes in volume group "iscsi-1" (195296 MB)**

iscsi-1
(100%)

| Volume name | Volume description | Volume size | File system type | File system size | FS used space | FS free space | Delete | Properties | Snapshots |
|---|---|---|---|---|---|---|---|---|---|
| iscsi-1 | iscsi-1 | 195296 MB | XFS | 191G | 33M | 191G | Delete | Edit | Create |
| 0 MB allocated to snapshots | | | | | | | | | |
| 0 MB of free space left | | | | | | | | | |

图 4-25 卷的详细信息界面

（25）在【Services】选项卡选择【Manage Services】后，单击【Enabled】按钮开启【iSCSI Target】服务，其界面如图 4-26 所示。

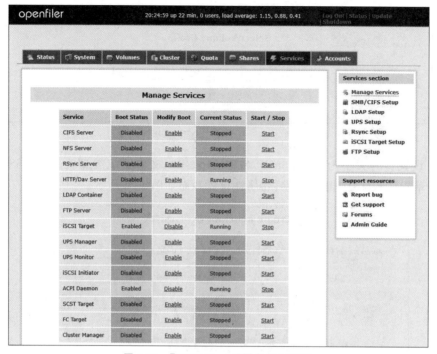

图 4-26 【iSCSI Target】服务开启界面

（26）配置 iSCSI Target，增加一个 iSCSI 远程连接的 CHAP 用户，其界面如图 4-27 所示。

图 4-27 添加 iSCSI 远程连接 CHAP 用户界面

（27）在【Volumes】选项卡选择【iSCSI Targets】后，再单击【Add】按钮添加【Target IQN】，IQN 名称设置如图 4-28 所示。

（28）映射到之前创建的卷"iscsi-1"并配置读写模式为可读写，传输模式为"blockio"，单

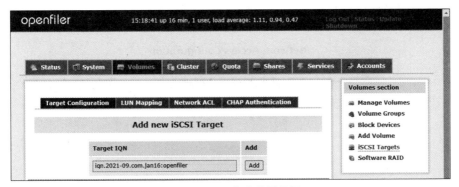

图 4-28　IQN 名称设置界面

击【Map】按钮建立映射，其界面如图 4-29 所示。

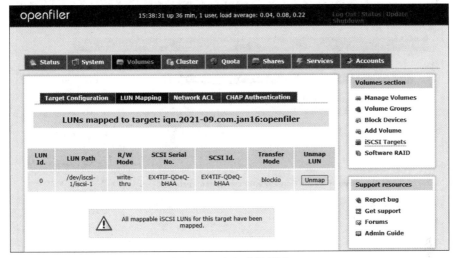

图 4-29　建立映射界面

（29）配置 ACL 访问控制，单击【Access】下拉菜单选择【Allow】选项，最后单击【Update】按钮进行确认，配置 ACL 访问控制界面如图 4-30 所示。

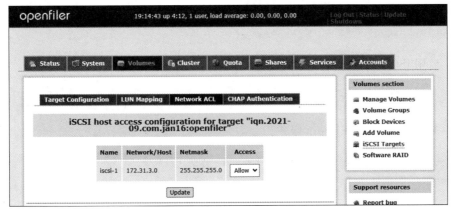

图 4-30　配置 ACL 访问控制界面

（30）配置可被允许访问共享存储的网络，如图 4-31 所示。

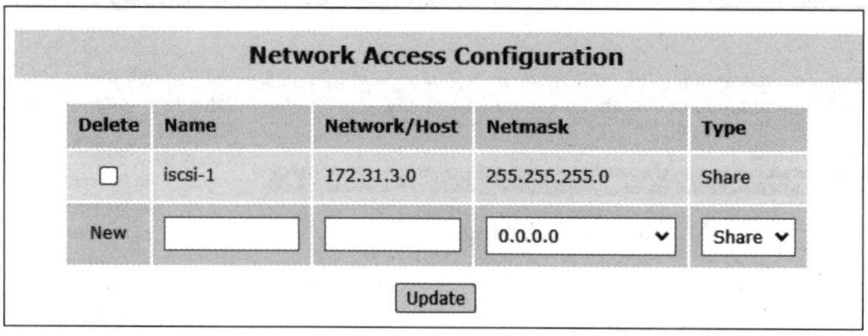

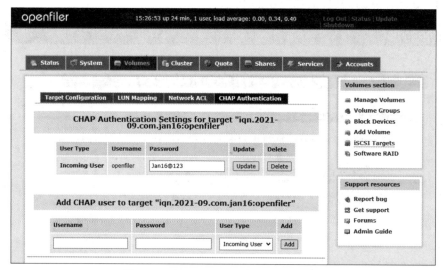

图 4-31　配置可被允许访问共享存储的网络

（31）确认 CHAP 用户认证配置无误，其界面如图 4-32 所示。

图 4-32　确认 CHAP 用户认证配置界面

**2. 创建云桌面区域的 iSCSI 网络存储（Linux）**

创建云桌面区域的 iSCSI 网络存储（Linux）的步骤如下。

（1）使用 YUM 命令下载 target 安装包。

```
[root@localhost ~]#yum -y install targetcli
```

（2）启用 iSCSI 服务。

```
[root@localhost ~]#systemctl start targetd targetcli
```

（3）关闭防火墙和 SELinux 服务。

```
[root@localhost ~]#systemctl stop firewalld
[root@localhost ~]#setenforce 0
```

（4）使用磁盘 sdb、sdc、sdd 创建磁盘阵列，名称为 md0。创建完成后查看 RAID 阵列信息。

```
[root@localhost ~]#mdadm -C -n 3  -l 5  -a yes /dev/md0 /dev/sd{b,c,d}
[root@localhost ~]#mdadm -D /dev/md0
/dev/md0:
            Version : 1.2
      Creation Time : Sat Jul 31 16:15:50 2021
         Raid Level : raid5
         Array Size : 104790016(99.94 GiB 107.30 GB)
      Used Dev Size : 52395008(49.97 GiB 53.65 GB)
       Raid Devices : 3
      Total Devices : 3
        Persistence : Superblock is persistent

        Update Time : Sat Jul 31 16:16:06 2021
              State : clean,degraded,recovering
     Active Devices : 2
    Working Devices : 3
     Failed Devices : 0
      Spare Devices : 1

             Layout : left-symmetric
         Chunk Size : 512KB

Consistency Policy :resync

     Rebuild Status : 8% complete
               Name : localhost.localdomain:0(local to host localhost.localdomain)
               UUID : fb260c48:869694a9:8229bf3d:56298756
             Events : 2

    Number   Major   Minor   Raid      Device          State
       0       8       16       0     active sync      /dev/sdb
       1       8       32       1     active sync      /dev/sdc
       3       8       48       2     spare rebuilding /dev/sdd
```

（5）创建名称为 lv01 的逻辑卷。

```
[root@localhost ~]#pvcreate /dev/md0                    \\创建物理卷
[root@localhost ~]#vgcreate vg01 /dev/md0              \\创建卷组
[root@localhost ~]#lvcreate -l 100% FREE -n lv01 vg01   \\创建逻辑卷
```

（6）进行 iSCSI 的配置。

```
[root@localhost ~]#targetcli        \\输入 targetcli 交互式配置 iscsi
/>backstores/block create iscsi2 /dev/mapper/vg01-lv01
                             \\创建一个 block 类型的名为 iscsi2 的存储
```

```
/>iscsi/ create iqn.2021-09.com.jan16.centos  \\创建共享存储服务器 iqn
/>iscsi/iqn. 2021 - 09. com. jan16: centos /tpg1/acls create iqn. 1998 - 01. com.
vmware:localhost.localdomain:632747109:65
\\配置 acl,将 ESXi 7-1 的 iqn 创建到 acl 里面
/>iscsi/iqn. 2021 - 07. com. jan16: iscsi2/tpg1/luns create /backstores/block/
iscsi2  \\创建 lun
/>iscsi/iqn.2021-09.com.jan16.centos/tpg1/portals/ create 172.31.3.6
\\配置服务端口
/>exit  \\到此 Linux 配置 iscsi 结束,输入 exit 退出交互界面,iscsi 会自动保存
```

**3. ESXi 挂载网络存储**

(1) 在 ESXi 网络选项卡的标准交换机选项单击【添加标准虚拟交换机】,如图 4-33 所示。

图 4-33　添加标准虚拟交换机

(2) 在【添加标准虚拟交换机】界面设置 vSwitch 名称为存储专用网络,上行链路选择为 vmnic3,完成后单击【添加】按钮,如图 4-34 所示。

图 4-34　设置标准交换机参数

(3) 在 ESXi 网络选项卡的【VMkernel 网卡】选项单击【添加 VMkernel 网卡】,如图 4-35 所示。

(4) 在【添加 VMkernel 网卡】界面,选择【虚拟交换机】为【存储专用网络】,【IPv4 设置】中【配置】为【静态】,【地址】为 172.31.3.1,其他采用默认配置,如图 4-36 所示。

(5) 创建标准交换机完成,如图 4-37 所示。

(6) 在浏览器内打开 ESXi-1 主机的管理界面,单击左侧【导航器】的【存储】选项卡,选择【适配器】标签,单击【软件 iSCSI】,配置 iSCSI 界面如图 4-38 所示。

图 4-35 添加 VMkernel 网卡

图 4-36 VMkernel 网卡配置参数界面

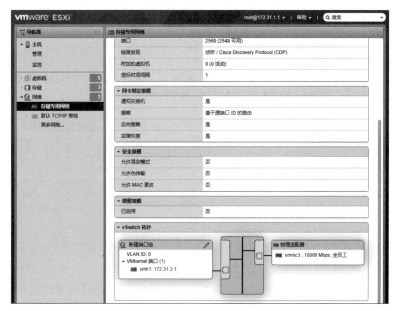

图 4-37 创建标准交换机完成

图 4-38　配置 iSCSI 界面（1）

（7）在【软件 iSCSI】配置界面，单击【已启用】按钮，在【CHAP 身份验证】选择【不使用 CHAP，除非目标需要】，之后在【名称】选项输入 Openfiler 里创建的 CHAP 认证用户 openfiler，随后选择【添加动态目标】，输入存储服务器 IP 地址，如图 4-39 所示。

图 4-39　配置 iSCSI 界面（2）

（8）单击 172.31.3.6 动态目标后，选择【编辑设置】按钮，将 CHAP 身份验证和双向 CHAP 身份验证禁止，完成后单击【保存】按钮，如图 4-40 所示。

图 4-40　配置 iSCSI 动态目标

（9）单击【设备】标签，选择【新建数据存储】，如图 4-41 所示。

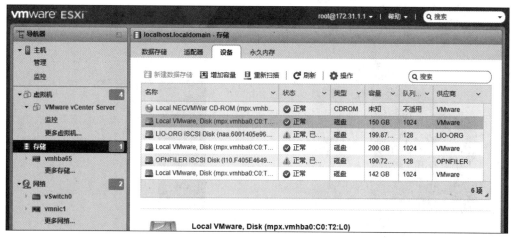

图 4-41　新建数据存储

（10）在【新建数据存储】界面输入存储名称【iscsi-1】，单击【下一页】按钮，进行下一步操作，如图 4-42 所示。

图 4-42　设置数据存储名称界面

（11）在【选择分区选项】选择【使用全部磁盘】，磁盘格式为【VMFS 6】，单击【下一页】按钮，如图 4-43 所示。

（12）检查配置无误后，单击【完成】按钮，如图 4-44 所示。

（13）查看添加的共享数据存储，如图 4-45 所示。

（14）向共享 iscsi-1 存储写入测试文件，可以正常写入，如图 4-46 所示。

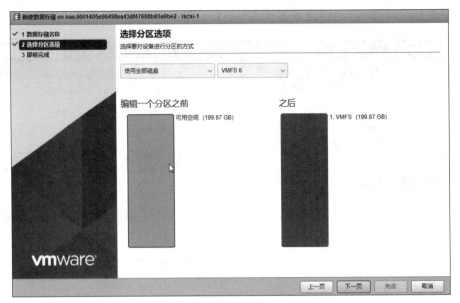

图 4-43　选择分区选项界面

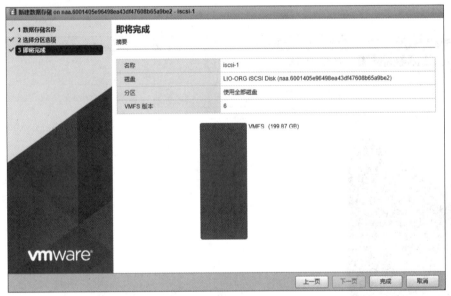

图 4-44　检查配置界面

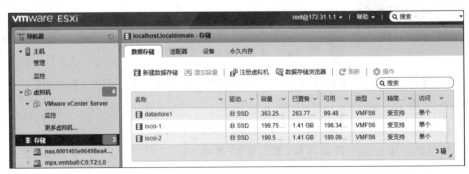

图 4-45　新添加的共享数据存储界面

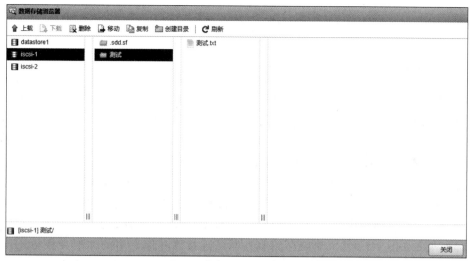

图 4-46　向共享存储写入测试文件

# 4.12　实验任务 1：Openfiler 搭建 iSCSI 目标存储服务器

## 4.12.1　任务简介

正月十六，工程师小莫发现公司往虚拟化架构转型的过程中，存储设备是较重要的设备之一。只有正确配置存储，正确搭建共享存储，未来才能实现 vSphere 的高级特性，如迁移、分布式调度、高可用等功能。经过规划，工程师小莫决定使用 Openfiler 和 CentOS 7 搭建 iSCSI 共享存储，用于 ESXi 的共享存储资源池的组建。

部门当前已申请两台服务器：一台安装 Openfiler 系统；另外一台安装 CentOS，并使用这两台服务器搭建 iSCSI 共享存储。两台存储服务器的 IP 地址、系统参数和 iSCSI 参数如表 4-1 所示，共享存储使用 CHAP 进行验证，CHAP 挑战的参数如表 4-2 所示。存储服务器 IP 部署规划如图 4-1 所示，当前存储服务器已连接到存储专用的标准交换机 vSwitch3 中，并且 ESXi-1 主机已添加一张新的千兆网卡，将存储流量和管理流量进行分离。

## 4.12.2　任务设计

确定系统管理员的工作任务如下。

在服务器内安装 Openfiler 操作系统，在浏览器内打开 Openfiler 的管理界面，根据规划进行共享磁盘的配置。

## 4.12.3　实验报告

完成以上内容，并完成实验报告。实验至少包含以下内容。

（1）Openfiler 成功安装，可进入配置界面。

（2）查看 Openfiler 配置是否符合规划要求。

## 4.13 实验任务 2：Linux 搭建 iSCSI 目标存储服务器

### 4.13.1 任务简介

正月十六,工程师小莫发现公司往虚拟化架构转型的过程中,存储设备是较重要的设备之一。只有正确配置存储,正确搭建共享存储,未来才能实现 vSphere 的高级特性,如迁移、分布式调度、高可用等功能。经过规划,工程师小莫决定使用 Openfiler 和 CentOS 7 搭建 iSCSI 共享存储,用于 ESXi 的共享存储资源池的组建。

部门当前已申请两台服务器：一台安装 Openfiler 系统;另外一台安装 CentOS,并使用这两台服务器搭建 iSCSI 共享存储。两台存储服务器的 IP 地址、系统参数和 iSCSI 参数如表 4-1 所示,共享存储使用 CHAP 进行验证,CHAP 挑战的参数如表 4-2 所示。存储服务器 IP 部署规划如图 4-1 所示,当前存储服务器已连接到存储专用的标准交换机 vSwitch3 中,并且 ESXi-1 主机已添加一张新的千兆网卡,将存储流量和管理流量进行分离。

### 4.13.2 任务设计

系统管理员的工作任务如下。

在服务器内安装 Linux 操作系统,随后使用 YUM 命令安装 iSCSI 软件的安装包,根据规划进行共享存储的配置。

### 4.13.3 实验报告

完成以上内容,并完成实验报告。实验至少包含以下内容。

(1) 正确安装 Linux 操作系统。

(2) 使用 targetcli 配置 iSCSI 共享磁盘。

(3) 查看 iSCSI 是否正确配置。

## 4.14 实验任务 3：挂载 iSCSI 目标存储服务器

### 4.14.1 任务简介

正月十六,工程师小莫发现公司往虚拟化架构转型的过程中,存储设备是较重要的设备之一。只有正确配置存储,正确搭建共享存储,未来才能实现 vSphere 的高级特性,如迁移、分布式调度、高可用等功能。经过规划,工程师小莫决定使用 Openfiler 和 CentOS 7 搭建 iSCSI 共享存储,用于 ESXi 的共享存储资源池的组建。

部门当前已申请两台服务器：一台安装 Openfiler 系统;另外一台安装 CentOS,并使用这两台服务器搭建 iSCSI 共享存储。两台存储服务器的 IP 地址、系统参数和 iSCSI 参数如表 4-1 所示,共享存储使用 CHAP 进行验证,CHAP 挑战的参数如表 4-2 所示。存储服务器 IP 部署规划如图 4-1 所示,当前存储服务器已连接到存储专用的标准交换机 vSwitch3 中,并且 ESXi-1 主机已添加一张新的千兆网卡,将存储流量和管理流量进行分离。

## 4.14.2　任务设计

系统管理员的工作任务如下。

共享存储配置完成后,在 ESXi 主机上发现新建的共享存储,并将共享存储挂载使用。

## 4.14.3　实验报告

完成以上内容,并完成实验报告。实验至少包含以下内容:

(1)在 ESXi 主机内发现共享存储。

(2)使用 iSCSI 共享存储配置新的 VMFS 存储。

(3)存储配置完成后新建目录,并且目录能够正常读写。

# 第5章 部署 VMware-vcsa 平台

## 5.1 VCSA 简介

VCSA(vCenter Server Appliance)是一台预装了 vCenter 的 Linux 虚拟机,是一款管理 EXSi 主机的管理端软件,是基于 Linux 系统的。

VCSA 是一个预先打包的基于 Linux 的虚拟机,它针对运行 vCenter Server 相关服务进行了优化。VCSA 减少了 vCenter Server 和相关服务的部署时间,并提供了基于 Windows 的 vCenter Server 安装的低成本替代方案(VCSA 不需要提供许可证)。VCSA 包含以下软件。

(1) VMware Photon。

(2) Platform Services Controller(PSC)。

(3) vCenter Server 服务组。

(4) PostgreSQL。

### 5.1.1 vCenter Server 的主要功能

vCenter Server 的主要功能如下。

(1) ESXi 主机管理。

(2) 虚拟机管理。

(3) 模板管理。

(4) 虚拟机部署。

(5) 任务调度。

(6) 统计与日志。

(7) 警报与事件管理。

(8) 虚拟机实时迁移(vSphere vMotion)。

(9) 分布式资源调度(vSphere DRS)。

(10) 高可用性(vSphere HA)。

(11) 容错(vSphere FT)。

### 5.1.2 vCenter Server 组件与服务

**1. 两种版本**

vCenter Server for Windows——基于 Windows 系统的应用程序。

vCenter Server Appliance——基于 Linux 系统的预配置的虚拟机。

**2. 组件和服务概述**

1) VMware Platform Services Controller 基础架构服务组

VMware Platform Services Controller 基础架构服务组包含 vCenter 单点登录(Single Sign-On,SSO)许可证服务、查找服务(Lookup Service)和 VMware 证书颁发机构。

2）vCenter Server 服务组

vCenter Server 服务组包含 vCenter Server、vSphere Web Client、vSphere Auto Deploy（自动部署）、vSphere ESXi Dump Collector（转储收集器）。

3）vCenter SSO

SSO 为 vSphere 软件组件提供安全身份验证服务。

vCenter SSO 构建在安装或升级过程中注册 vSphere 解决方案和组件的内部安全域。

4）PSC

vCenter Server 及其服务都必须在 VMware PSC 中进行绑定。

PSC 提供包括 SSO 在内的一系列服务。

PSC 独立于 vSphere 进行升级，在其他任何依赖 SSO 的产品之前完成升级。

vCenter Server Appliance 对应的 PSC 版本称为 Platform Services Controller Appliance。

5）vSphere 域、域名和站点

域确定本地认证空间，每个 PSC 与 vCenter SSO 域相关联。

域名默认为 vsphere.local，但是可以在安装第一个 PSC 时进行更改。

站点是逻辑结构。可将域拆分成多个站点，并将每个 PSC 和 vCenter Server 实例分配到一个站点。可以将 PSC 域组织到逻辑站点。

6）可选 vCenter Server 组件

vMotion——虚拟机在 ESXi 主机之间实时迁移。

Storage vMotion——数据存储迁移。

vSphere HA——实现主机集群的高可用性，提供快速恢复。

vSphere DRS——平衡所有主机和资源池中的资源分配及功耗。

Storage DRS——平衡存储资源分配。

vSphere Fault Tolerance（FT）——虚拟机容错。

## 5.2　vCenter Server 和 PSC 部署

### 5.2.1　vCenter Server 和 PSC 部署类型

**1. 使用嵌入式 PSC 部署 vCenter Server**

（1）vCenter Server 和 PSC 之间不通过网络连接，不会因连接和名称解析问题而导致中断。

（2）安装 vCenter Server 需要较少的 Windows 许可证。

（3）可以管理较少的虚拟机或物理服务器。

（4）每个产品都有一个 PSC，会消耗更多的资源。

**2. 使用外部 PSC 部署 vCenter Server**

（1）PSC 实例中共享服务所消耗的资源更少。

（2）vCenter Server 和 PSC 之间的连接可能存在连接和名称解析问题。

（3）安装 vCenter Server 需要更多的 Windows 许可证。

（4）必须管理更多的虚拟机或物理服务器。

**3. 混合操作系统环境**

（1）Windows 上使用外部 PSC。

（2）使用外部 Platform Services Controller Appliance。

### 5.2.2　vCenter Server for Windows 的安装要求

**1. 软件要求**

（1）vCenter Server 中需要 64 位操作系统。

（2）64 位系统 DSN 要求 vCenter Server 连接到外部数据库。

**2. 数据库要求**

（1）每个 vCenter Server 实例必须有自己的数据库。

（2）中小型环境可使用 vCenter Server 安装期间捆绑的 PostgreSQL 数据库。

（3）更大的部署环境,则需要外部数据库。

**3. 所需端口**

对于自定义防火墙,必须手动打开所需端口。

**4. DNS 要求**

（1）安装 vCenter Server 和 PSC 时,必须提供完全限定的域名(FQDN),或正在执行安装或升级的主机的静态 IP 地址。

（2）建议使用 FQDN。

## 5.3　项目开发及实现

### 5.3.1　项目描述

　　正月十六,公司已经初步完成公司虚拟化架构的基础搭建部分,工程师小莫已经可以熟练安装 ESXi 服务器、配置虚拟网络和搭建 iSCSI 共享存储,但是,随着虚拟化转型程度的加深,管理 ESXi 主机需要巨大的人力成本和时间成本,为了提高管理效率,小莫决定使用镜像的方式安装 vCenter Server 平台,以方便对多台 ESXi 主机进行管理,同时确保未来能够实现 vSphere 的高级功能,保障虚拟化架构平稳正常运行。

### 5.3.2　项目设计

　　公司经商讨,决定使用单点的 ESXi 主机进行 vCenter Server 的部署,采用域名访问的方式对 VCSA 平台进行访问,因此需要配置一台 DNS 服务器进行域名的管理,vCenter Server 设备清单如表 5-1 所示。vCenter Server 及 ESXi 主机的账号与密码如表 5-2 所示。拓扑如图 5-1 所示。

表 5-1　vCenter Server 设备清单

| 角色 | IP 地址 | 主机名 | 部署节点 | DNS 服务器 | 网关地址 | 系统 |
|---|---|---|---|---|---|---|
| VCS 服务端 | 172.31.1.200 | vcs.jan16.cn | ESXi-1 | 172.31.1.253 | 172.31.1.254 | Win10 |
| DNS 服务器 | 172.31.1.253 | dns.jan16.cn | Windows2012 | 172.31.1.253 | 172.31.1.254 | Win2012 |

表 5-2 vCenter Server 及 ESXi 主机的账号与密码

| 节 点 | 账 号 | 密 码 |
|---|---|---|
| ESXi-1 | root | Jan16@123 |
| vCenter Server | root | Jan16@123 |
| vCenter Server(SSO) | administrator@vsphere.local | Jan16@123 |
| DNS 服务器 | administration | Jan16@123 |

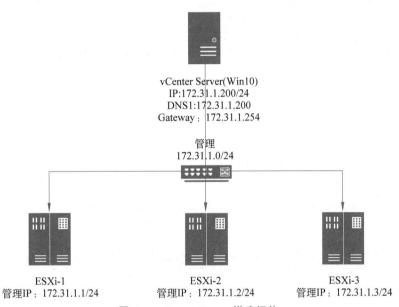

vCenter Server(Win10)
IP:172.31.1.200/24
DNS1:172.31.1.200
Gateway：172.31.1.254

管理
172.31.1.0/24

ESXi-1
管理IP：172.31.1.1/24

ESXi-2
管理IP：172.31.1.2/24

ESXi-3
管理IP：172.31.1.3/24

图 5-1 vCenter Server 搭建拓扑

系统管理员的工作任务如下。

在 DNS 服务器内配置正确的正向解析域和反向解析域，随后使用装有 Win 10 操作系统的跳板机安装 vCenter Server，正确配置安装 VCSA 虚拟机的节点、VCSA 虚拟机的 IP 地址、子网掩码、DNS 服务器、网关等参数，安装完成后通过 Web 界面进行访问，最后新建数据中心，将已经配置完成的 ESXi-1、ESXi-2、ESXi-3 主机添加到数据中心内，由数据中心进行统一托管。

### 5.3.3 项目实现

**1. 创建 DNS 服务器**

（1）进入【服务管理器】，单击【添加角色和功能】，进入【添加角色和功能向导】后，单击【下一步】按钮，如图 5-2 所示。

（2）勾选【DNS 服务器】，如图 5-3 所示。

（3）随后其他选项保持默认并单击【下一步】按钮，跳转到服务安装界面，如图 5-4 所示。

（4）在【服务器管理器】界面，单击【工具】按钮，再选择【DNS】选项，如图 5-5 所示。

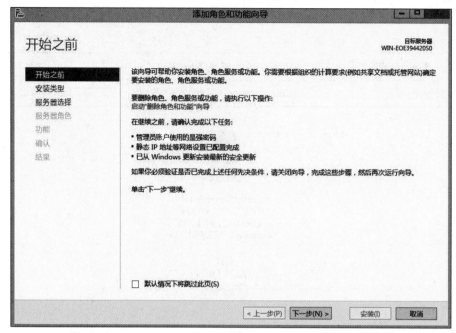

图 5-2　添加角色和功能向导

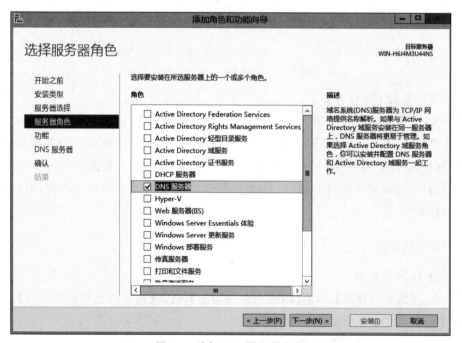

图 5-3　选择 DNS 服务器角色

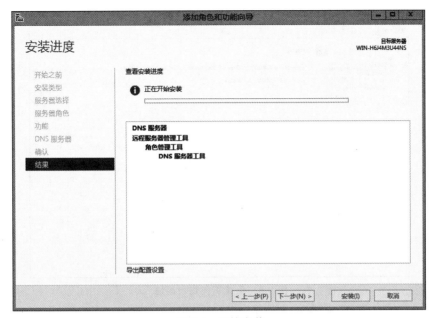

图 5-4 开始安装

图 5-5 服务器管理器

（5）在【DNS 管理器】界面，右击【正向查找区域】选项，选择【新建区域】，如图 5-6 所示。

（6）在【新建区域向导】界面，单击【下一步】按钮，如图 5-7 所示。

（7）在【区域类型】界面选择【主要区域】，单击【下一步】按钮，如图 5-8 所示。

（8）在【区域名称】界面设置新建区域名称为 jan16.cn，单击【下一步】按钮，如图 5-9 所示。

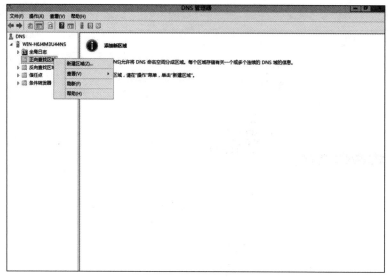

图 5-6　新建正向查找区域

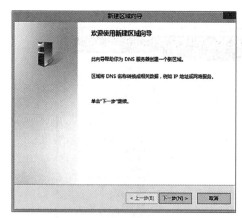

图 5-7　新建区域向导

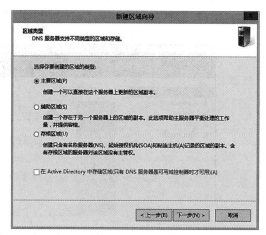

图 5-8　区域类型选择(1)

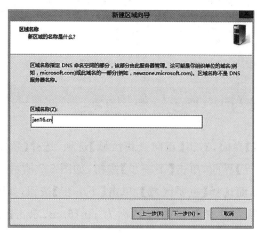

图 5-9　设置区域名称(1)

（9）在【区域文件】界面，选择【创建新文件，文件名为】，填写文件名称为 jan16.cn.dns，单击【下一步】按钮，如图 5-10 所示。

（10）在【动态更新】界面，选择【不允许动态更新】选项，如图 5-11 所示。

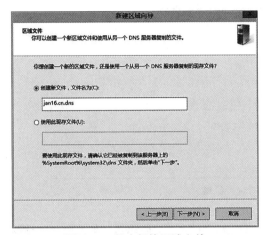

图 5-10　创建新的区域文件

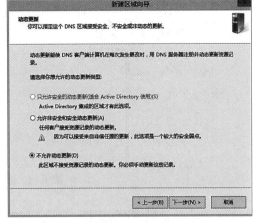

图 5-11　动态更新（1）

（11）检查配置无误后，单击【完成】按钮，如图 5-12 所示。

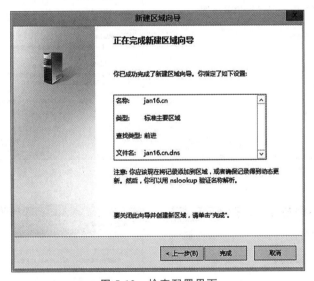

图 5-12　检查配置界面

（12）右击【反向查找区域】，单击【新建区域】选项，如图 5-13 所示。

（13）在【新建区域向导】界面，单击【下一步】按钮，如图 5-14 所示。

（14）在【区域类型】界面，选择【主要区域】，完成后单击【下一步】按钮，如图 5-15 所示。

（15）在【反向查找区域名称】界面，选择【IPv4 反向查找区域】，如图 5-16 所示。

（16）在【反向查找区域名称】界面，设置【网络 ID】为 172.31.1，完成后单击【下一步】按钮，如图 5-17 所示。

（17）在【区域文件】界面，创建新文件夹存储 DNS 区域文件，如图 5-18 所示。

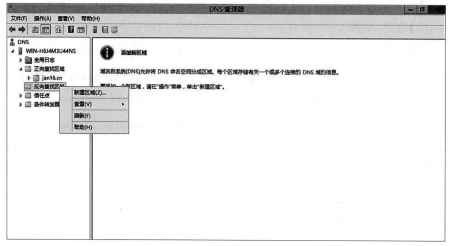

图 5-13　新建反向查找区域

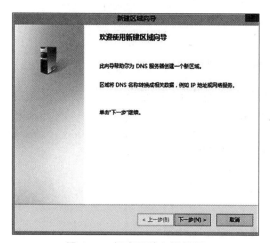

图 5-14　新建区域向导界面

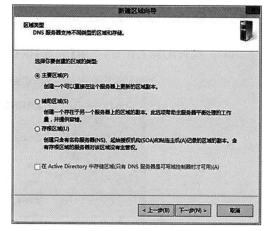

图 5-15　区域类型选择(2)

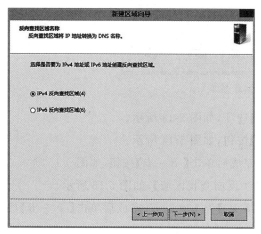

图 5-16　设置区域名称(2)

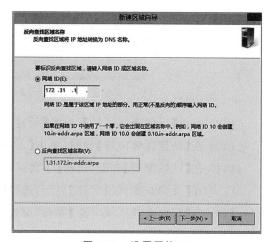

图 5-17　设置网络 ID

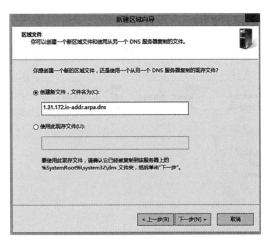

图 5-18　创建新文件夹

（18）在【动态更新】界面选择【不允许动态更新】选项，如图 5-19 所示。

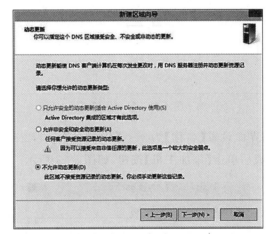

图 5-19　动态更新（2）

（19）检查配置无误后，单击【完成】按钮，如图 5-20 所示。

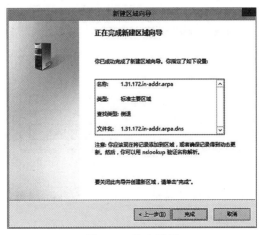

图 5-20　检查配置

（20）右击【jan16.cn】，选择【新建主机】，如图 5-21 所示。

图 5-21　新建主机

（21）在【新建主机】界面设置【名称】为 vcs，【IP 地址】为 172.31.1.200，勾选【创建相关的指针（PTR）记录】，完成后单击【添加主机】按钮，如图 5-22 所示。

图 5-22　添加主机

（22）测试：在客户端的命令行界面解析 vCenter Server 服务器域名，查看是否能解析到正确的 IP 地址，如图 5-23 所示。

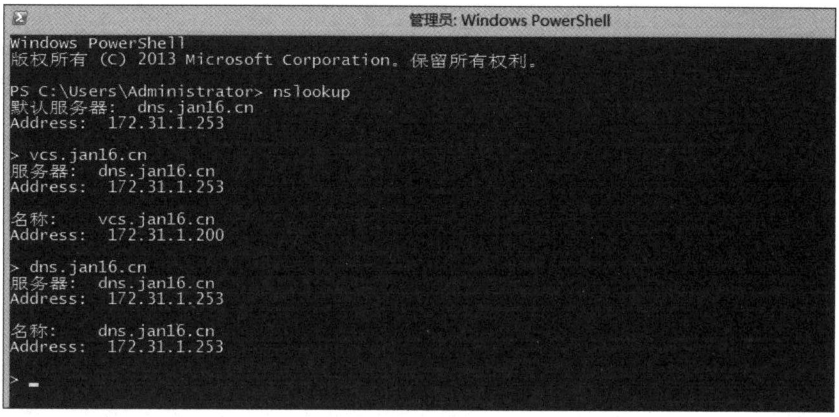

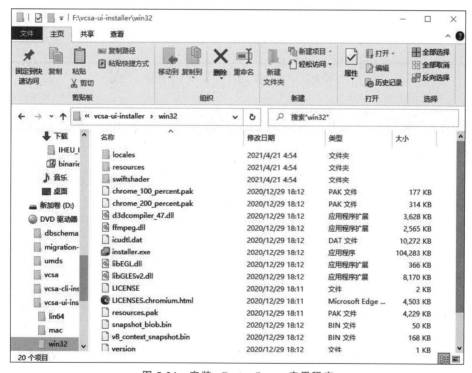

图 5-23　解析域名界面

**2. 搭建 VCSA**

（1）将 VCSA 镜像内文件复制到本地磁盘 F，双击打开 VCSA 安装程序【F：\vcsa-ui-installer\win32\installer.exe】，开始安装 vCenter Server 应用程序，如图 5-24 所示。

图 5-24　安装 vCenter Server 应用程序

（2）进入 vCenter Server 安装程序界面，单击【安装】，如图 5-25 所示。

（3）出现 vCenter Server 简介界面，单击【下一步】按钮，如图 5-26 所示。

（4）在【最终用户许可协议】界面勾选【我接受许可协议条款】，然后单击【下一步】按钮，如图 5-27 所示。

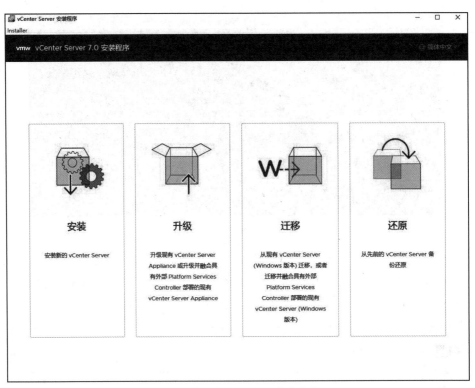

图 5-25　vCenter Server 安装程序界面

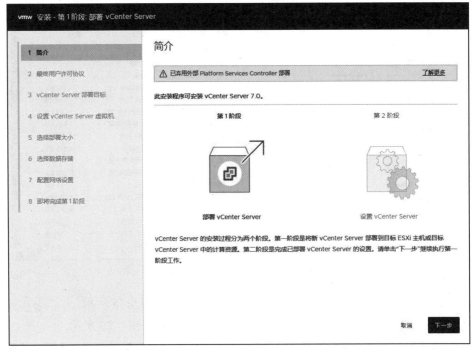

图 5-26　vCenter Server 简介

图 5-27　最终用户许可协议

（5）在 vCenter Server 部署目标界面输入 ESXi-1 主机的 IP 地址，并输入用户名和密码，如图 5-28 所示。

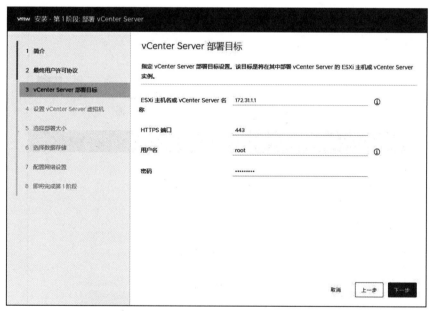

图 5-28　vCenter Server 部署目标

（6）弹出证书警告，单击【是】按钮，如图 5-29 所示。

（7）设置 vCenter Server 虚拟机名称以及 root 密码，如图 5-30 所示。

（8）在【选择部署大小】界面，选择【部署大小】为【微型】，【存储大小】为【默认】，如图 5-31 所示。

图 5-29　证书警告

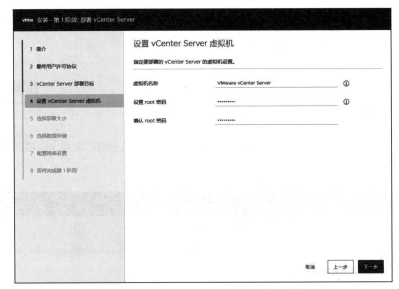

图 5-30　设置 vCenter Server 虚拟机界面

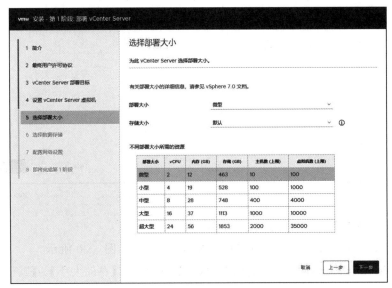

图 5-31　选择部署大小

（9）在【选择数据存储】界面,选择存储位置为【datastore1】,勾选【启用精简磁盘模式】,
如图 5-32 所示。

图 5-32　选择数据存储

（10）在【配置网络设置】界面,配置 VCS 虚拟机的静态 IP 地址为 172.31.1.200,配置
FQDN 为 vcs.jan16.cn,设置默认网关为 172.31.1.254,设置 DNS 服务器地址为 172.31.1.253,
其他选项保持默认配置,随后单击【下一步】按钮,如图 5-33 所示。

图 5-33　配置网络设置

（11）检查设置后，单击【完成】按钮，如图 5-34 所示。

图 5-34　检查设置

（12）参数确认无误后，开始安装，如图 5-35 所示。

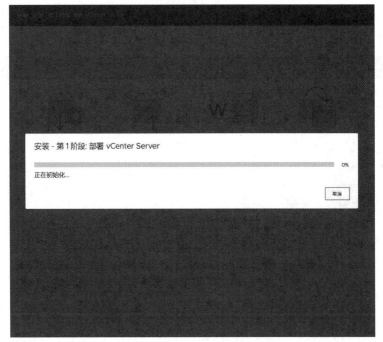

图 5-35　安装-第 1 阶段：部署 vCenter Server

（13）vCenter Server 第 1 阶段安装完成，如图 5-36 所示。

**图 5-36 第 1 阶段部署安装完成**

(14) 第 1 阶段安装完成后,即可退出安装程序并开始第 2 阶段的安装,在浏览器中输入 https://172.31.1.200:5480/进行第 2 阶段的安装,进入第 2 阶段的安装界面,如图 5-37 所示。

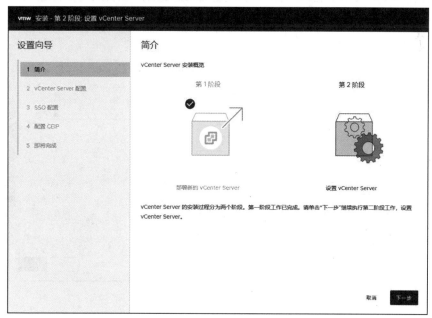

**图 5-37 第 2 阶段设置 vCenter Server 简介界面**

(15) 在【vCenter Server 配置】界面,【时间同步模式】选择【与 ESXi 主机同步时间】,

【SSH 访问】选择【已启用】,如图 5-38 所示。

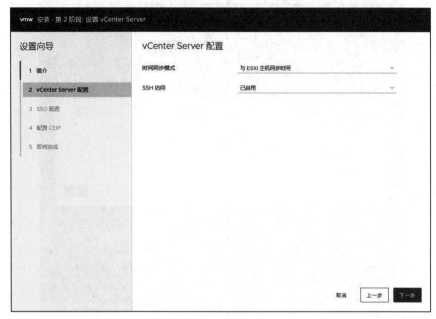

图 5-38    vCenter Server 配置

(16) 在【SSO 配置】界面,选中【创建新 SSO 域】,设置域名为 vsphere.local,填写 SSO 域密码为 Jan16@123,如图 5-39 所示。

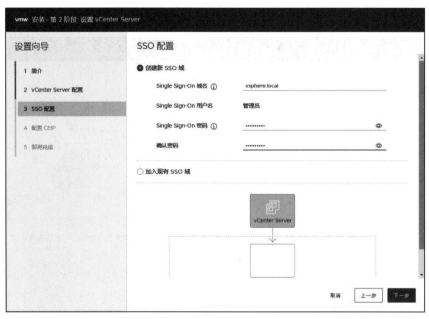

图 5-39    SSO 配置

(17) 在【配置 CEIP】界面,勾选【加入 VMware 客户体验提升计划(CEIP)】,如图 5-40 所示。

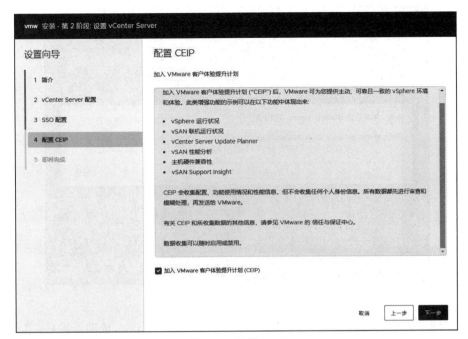

图 5-40　配置 CEIP

（18）检查设置无误后，单击【完成】按钮，进入第 2 阶段的安装，如图 5-41 所示。

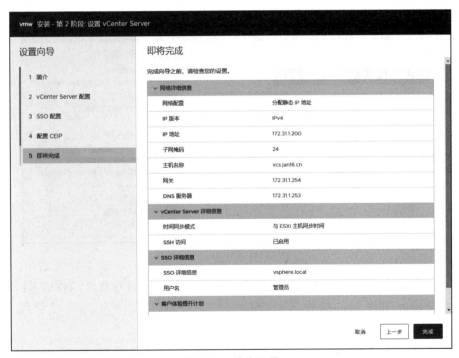

图 5-41　检查设置

（19）第 2 阶段设置界面，如图 5-42 所示。

（20）测试步骤如下。

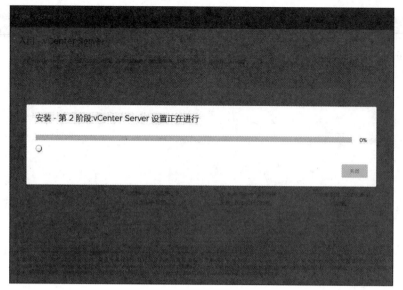

图 5-42　第 2 阶段设置

① 在浏览器地址栏内输入 VCS 域名(https://vcs.jan16.cn),成功连接后,单击【启动 VSPHERE CLIENT】按钮,如图 5-43 所示。

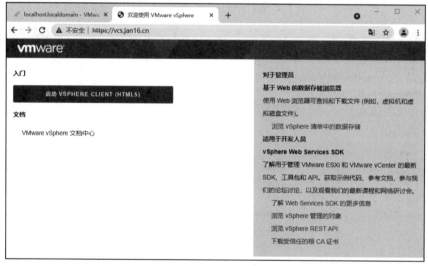

图 5-43　启动 VSPHERE CLIENT

② 进入登录界面后,输入用户名 root 和密码 Jan16@123 进行登录,如图 5-44 所示。

③ 登录成功,如图 5-45 所示。

**3. 通过 VCSA 管理 ESXi 主机**

(1) 右击【vcs.jan16.cn】图标,弹出菜单栏,选择【新建数据中心】选项,如图 5-46 所示。

(2) 输入数据中心名称 Jan16,如图 5-47 所示。

(3) 新建数据中心完成后,右击数据中心【Jan16】,选择【添加主机】按钮,如图 5-48 所示。

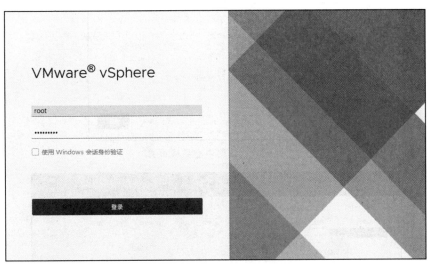

图 5-44　vCenter Server 登录界面

图 5-45　vCenter Server 界面

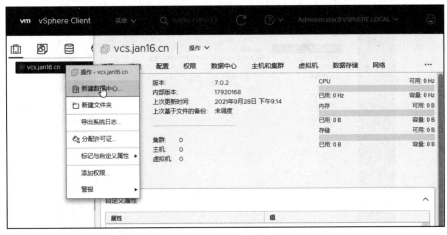

图 5-46　新建数据中心

（4）在【添加主机】界面选择【名称和位置】，输入要添加的 ESXi 主机 IP 地址，如图 5-49 所示。

图 5-47　数据中心名称设置

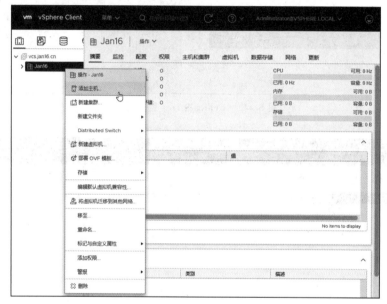

图 5-48　添加主机

图 5-49　输入添加的主机的 IP 地址

（5）选择【连接设置】，输入连接的 ESXi 主机的用户名和密码，如图 5-50 所示。

图 5-50　连接设置

（6）弹出【安全警示】界面，单击【是】按钮，如图 5-51 所示。

图 5-51　安全警示

（7）选择【主机摘要】，保持默认配置，随后单击【NEXT】按钮，如图5-52所示。

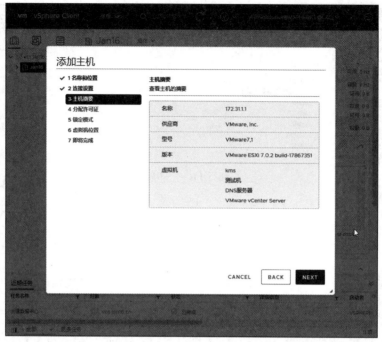

图5-52　主机摘要

（8）选择【分配许可证】，选中【评估许可证】，单击【NEXT】按钮进行下一步操作，如图5-53所示。

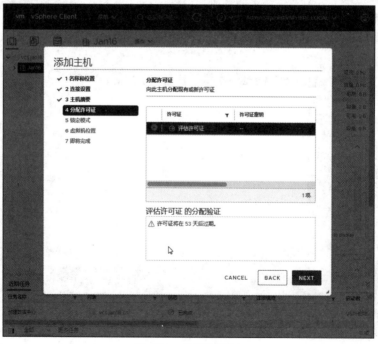

图5-53　分配许可证

（9）选择【锁定模式】，单击【禁用】选项，如图 5-54 所示。

图 5-54  锁定模式

（10）选择【虚拟机位置】，选择虚拟机位置为【Jan16】，如图 5-55 所示。

图 5-55  虚拟机位置

（11）选择【即将完成】，检查配置无误后，单击【FINISH】按钮，如图 5-56 所示。

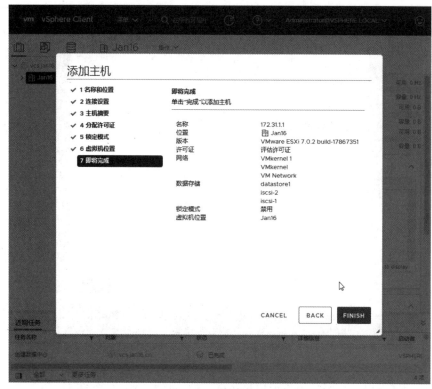

图 5-56　检查配置

（12）测试：查看由 Jan16 数据中心托管的 ESXi 主机，如图 5-57 所示。

图 5-57　查看添加的 ESXi 主机

## 5.4　实验任务 1：搭建 DNS 服务器

### 5.4.1　任务简介

正月十六，公司已经初步完成公司虚拟化架构的基础搭建部分，工程师小莫已经可以熟练安装 ESXi 服务器、配置虚拟网络和搭建 iSCSI 共享存储了，但是，随着虚拟化转型程度的加深，管理 ESXi 主机需要巨大的人力成本和时间成本，为提高管理效率，小莫决定使用镜像的方式安装 vCenter Server 平台，以方便对多台 ESXi 主机进行管理，同时确保未来能够实现 vSphere 的高级功能，保障虚拟化架构平稳地正常运行。

公司经商讨，决定使用单点的 ESXi 主机进行 vCenter Server 的部署，采用域名访问的方式对 VCSA 平台进行访问，因此需要配置一台 DNS 服务器进行域名的管理，vCenter Server 设备清单如表 5-1 所示。vCenter Server 及 ESXi 主机的账号与密码如表 5-2 所示。拓扑如图 5-1 所示。

### 5.4.2　任务设计

系统管理员的工作任务如下。

在服务器内安装 Windows 2012 操作系统，随后安装 DNS 服务器，配置正反解析域，并填写对应的域名记录。

### 5.4.3　实验报告

完成以上内容，并完成实验报告。实验至少包含以下内容。
（1）DNS 服务器正常安装。
（2）使用 nslookup 命令正确解析域名对应的 IP 地址。
（3）使用 dig 命令正确解析 IP 地址对应的域名记录。

## 5.5　实验任务 2：部署 VMware-vcsa 平台

### 5.5.1　任务简介

正月十六，公司已经初步完成公司虚拟化架构的基础搭建部分，工程师小莫已经可以熟练安装 ESXi 服务器、配置虚拟网络和搭建 iSCSI 共享存储了，但是，随着虚拟化转型程度的加深，管理 ESXi 主机需要巨大的人力成本和时间成本，为了提高管理效率，小莫决定使用镜像的方式安装 vCenter Server 平台，以方便对多台 ESXi 主机进行管理，同时确保未来能够实现 vSphere 的高级功能，保障虚拟化架构平稳地正常运行。

公司经商讨，决定使用单点的 ESXi 主机进行 vCenter Server 的部署，采用域名访问的方式对 VCSA 平台进行访问，因此需要配置一台 DNS 服务器进行域名的管理，vCenter Server 设备清单如表 5-1 所示。vCenter Server 及 ESXi 主机的账号与密码如表 5-2 所示。拓扑如图 5-1 所示。

### 5.5.2 任务设计

系统管理员的工作任务如下。

使用装有 Win 10 操作系统的跳板机安装 vCenter Server,正确配置安装 VCSA 虚拟机的节点、VCSA 虚拟机的 IP 地址、子网掩码、DNS 服务器、网关等参数,安装完成后通过 Web 界面进行访问。

### 5.5.3 实验报告

完成以上内容,并完成实验报告。实验至少包含以下内容。

(1) 使用域名或 IP 访问 VCSA 管理界面。

(2) 观察到平台正常运行,能够切换页面。

## 5.6 实验任务 3:使用 VCSA 管理 ESXi 主机

### 5.6.1 任务简介

正月十六,公司已经初步完成公司虚拟化架构的基础搭建部分,工程师小莫已经可以熟练安装 ESXi 服务器、配置虚拟网络和搭建 iSCSI 共享存储了,但是,随着虚拟化转型程度的加深,管理 ESXi 主机需要巨大的人力成本和时间成本,为了提高管理效率,小莫决定使用镜像的方式安装 vCenter Server 平台,以方便对多台 ESXi 主机进行管理,同时确保未来能够实现 vSphere 的高级功能,保障虚拟化架构平稳地正常运行。

公司经商讨,决定使用单点的 ESXi 主机进行 vCenter Server 的部署,采用域名访问的方式对 VCSA 平台进行访问,因此需要配置一台 DNS 服务器进行域名的管理。vCenter Server 设备清单如表 5-1 所示。vCenter Server 及 ESXi 主机的账号与密码如表 5-2 所示。拓扑如图 5-1 所示。

### 5.6.2 任务设计

系统管理员的工作任务如下。

在 VCSA 内新建数据中心,将已经配置完成的 ESXi-1、ESXi-2、ESXi-3 主机添加到数据中心内,由数据中心进行统一托管。

### 5.6.3 实验报告

完成以上内容,并完成实验报告。实验至少包含以下内容。

(1) 在 VCSA 内正常创建数据中心。

(2) 将 3 台 ESXi 主机加入到数据中心内,确保 3 台虚拟化主机由数据中心托管,并且下方导航栏无报错。

# 第 6 章　搭建 VMware 虚拟网络

## 6.1　ESXi 网络概述

网络服务是在 ESXi 的虚拟机之间确保正常通信的基础。通常在物理网络中需要使用不同的物理网络设备进行才能组建出稳定高效的网络服务,而在虚拟网络中需要不同的虚拟设备为其提供服务。

物理网络是为了使物理服务器之间能够正常通信而建立的网络。vSphere 基础物理架构的各个部分都要通过物理网络进行连接,同时虚拟网络在物理网络之上,没有物理网络,虚拟网络也就没有价值。

虚拟网络是在 ESXi 主机上运行的虚拟机之间为了互相通信而相互逻辑连接所形成的网络。

### 6.1.1　ESXi 网络组件

ESXi 网络组件如下。

(1) 物理网卡:简称 vmnic,ESXi 内核的第一块称为 vmnic0,第二块称为 vmnic1,以此类推。

(2) 虚拟网卡:简称 VNIC,每台虚拟机可以有多个虚拟网卡,用于连接虚拟交换机,确保虚拟交换机之间的正常通信。

(3) 虚拟交换机:简称 vSwitch,是由 ESXi 内核提供的,用于确保虚拟机和管理界面之间的相互通信,并且由类似物理交换机的端口/端口组提供网络连接。

### 6.1.2　虚拟化网络的重要概念

以下是虚拟化网络的重要概念。

(1) 标准交换机(vNetwork Standard Switch,vSS),可以将一个虚拟交换机称为一个 vSS,在一个 ESXi 主机中,可以视情况创造出许多 vSS。

(2) 分布式交换机(vNetwork Distributed Switch,vDS),可以让虚拟交换机看起来是一个横跨多个不同 ESXi 主机的大型 Switch,便于管理员统一针对它进行设置,简化了以往 vSS 必须在每个 ESXi 主机上产生,并且单独进行配置的麻烦。

(3) 虚拟交换机端口(Virtual Switch Ports):每一个虚拟交换机都可以指定网络端口的数量,在 ESXi 中,一个 vSwitch 最多可以拥有 4088 个端口。

(4) 物理网卡(vmnic):指实体网卡,编号从 vmnic0 开始,如果实体服务器有 3 个网络端口,就会看到 vmnic0~vmnic2。

(5) 虚拟网卡(Virtual NIC):也可以叫 VNIC,指虚拟网卡,在 ESXi 里,一个 VM 最多可以虚拟出 10 个网卡,而每个 vNIC 都拥有自己的 MAC 地址,由于 vmnic 是 vSwitch 上的 uplink port,所以真正的 IP 地址是配置在 VM 的 vNIC 上。

（6）NIC Teaming：当多个 vmnic 分配给一个 vSwitch 时，代表接在这个 vSwitch 上的 VM 有了"不同通路"的支持。如果 vSwitch 上只有一条通路让所有 VM 共享，可能会造成拥塞或单点故障，如果有两个以上的 vmnic，则可以做到平时分流、损坏时互相支援的机制。注意，在配置 teaming 时，最好将不同实体网卡的端口放到同一个 vSwitch 中，这样即使一个 vmnic 坏掉，也不会造成 vSwitch 的 uplink 都失效，保证高可靠性。

（7）Port Group：在一个 vSwitch 里，可以将一些 VM 组织起来，成为一个 Port Group，然后针对整个 Port Group 应用网络原则与设置，如 VLAN、Security 和 QoS 等。

（8）Traffic Shaping：可以针对 Port Group 进行流量管理，例如，PC A 为财务 VM，PC B 是测试 VM，相比之下不是那么重要，当网络带宽紧张时，就可以对 PC B 的 VM 限制流量。

（9）VLAN：在一个 vSwitch 上可以对不同的 Port Group 定义不同的 VLAN，与实体 VLAN 相同，分属不同 Port Group 的 VM 彼此之间无法通信（除非有路由），VLAN 的配置在虚拟环境下有以下两种不同方式。

① VST（Virtual Switch Tagging）：为 Port Group 指定 VLAN 的方式称为 VST，由于是通过 uplink port 载送不同的 VLAN ID，所有 vmnic 必须接在实体 Switch 的 trunk 端口上，而不能属于实体 Switch 的某个 VLAN 端口。由于 vSwitch 是由 VMkernel 在运行，VMkernel 必须要做 tagged 和 untagged 的操作，所以会消耗一些实体 ESXi 主机的性能。

② EST（External Switch Tagging）：将 vmnic 连接至实体 Switch 的某个 VLAN 端口，而不在 vSwitch 设置 VLAN 的做法称为 EST，这个时候 vmnic 不用接在 trunk 端口上。接在实体 Switch 上的 vmnic 属于哪个 VLAN，通过该 vmnic uplink 的 VM 就会直接成为该 VLAN 的成员。

注意，一个 vmnic 只能属于一个 vSwitch。

## 6.2　标准交换机与分布式交换机

交换机本身作为转发通信数据的网络设备在网络管理和运维工作中具有非常重要的作用。而在虚拟化架构 VMware vSphere 中，交换机作为直连主机的网络设备，也被虚拟化，并被称为虚拟交换机。在 vSphere 中，虚拟交换机分为两大类，分别为"标准交换机"和"分布式交换机"。

1）标准交换机

标准交换机是由每台 ESXi 单独管理的交换机，它只在一台且为本地的 ESXi 主机内部工作，只能将存在于本机的虚拟机进行直接连通。其功能类似于物理交换机，在二层网络中运行，ESXi 管理流量、虚拟机流量等数据通过标准交换机传送到外部网络。在每个 ESXi 安装之后系统会自动创建一个标准交换机。

由于标准交换机只在本地工作，所以必须在每台 ESXi 上独立管理每台标准交换机。且标准交换机在每次进行配置修改时，都要在所有 ESXi 主机上进行重复操作，并且在主机之间迁移虚拟机时，会重置网络连接状态，加大了监控和故障排除的复杂程度和管理成本。

标准交换机的特点如下。

（1）一个物理接口只能分配给一台虚拟交换机。

（2）一台虚拟交换机可以由多个物理接口组成。

（3）每台 ESXi 主机的标准虚拟交换机相互独立，且仅本地有效。

（4）标准交换机只能限制 outbound 的流量。

2）分布式交换机

分布式交换机是以 vCenter Server 为中心创建的虚拟交换机。分布式交换机可以跨越多台 ESXi 主机，即多台 ESXi 主机上存在同一台分布式交换机。可理解为分布在各个服务器上的虚拟交换机，该交换机具备二层网络交换机的属性。分布式交换机的主要作用是在虚拟机之间进行内部流量转发或通过连接到物理以太网适配器链接到外部网络。当 ESXi主机的数量较多时，使用分布式交换机可以大幅度提高管理员的工作效率。

分布式交换机与普通交换机的相同之处如下。

（1）都是为虚拟机、管理流量等提供连接的。

（2）都要使用物理网卡来关联，实现 Uplink 链路。

（3）都需要使用 VLAN 来实现对网络的逻辑隔离。

分布式交换机的特点如下。

（1）不属于某一个 ESXi，属于 vCenter 环境。

（2）横跨多个 ESXi 组成的集群的单一的交换机。

（3）具有很多高级特性（例如减少 vMotion 迁移等不必要的麻烦）。

## 6.3　端口和端口组

端口和端口组是虚拟交换机上的逻辑对象，用来为 ESXi 主机或虚拟机提供特定的服务。用来为 ESXi 主机提供服务的端口称为 VMkernel 端口，用来为虚拟机提供服务的端口组称为虚拟机端口组。

一个虚拟交换机上可以包含一个或多个 VMkernel 端口和虚拟机端口组，也可以在一台 ESXi 主机上创建多个虚拟交换机，每个虚拟交换机包含一个端口组或端口。

上行链路端口/端口组，即虚拟交换机上用于与物理网卡连接的端口，多个端口组合成为端口组。虚拟交换机必须连接作为上行链路的 ESXi 主机的物理网卡，才能与物理网络中的其他设备通信。一个虚拟交换机可以绑定一个物理网卡，也可以绑定多个物理网卡，成为一个 NIC 组（即网卡组，也称 NIC Team）。将多个物理网卡绑定到一个虚拟交换机上，可以实现冗余和负载均衡的功能。

注意，虚拟交换机也可以没有上行链路，但这种虚拟交换机是只支持内部通信的交换机。

## 6.4　项目开发及实现

### 6.4.1　项目描述

工程师小莫在完成 vSphere 管理平台的搭建后，将 3 台 ESXi 主机都加入集群中，考虑到随着时间的推移，会有更多的 ESXi 主机加入集群中，管理员对网络管理的难度会逐渐提高,而且需要实现高级功能,也需要有稳定连通的网络环境,所以小莫决定在 vSphere 平台上先创建分布式交换机,将 ESXi 主机的数据流量和管理流量进行分离,所以需要将服务器区域的 3 台 ESXi 主机加入新建的分布式交换机 DSwitch 中,每一台 ESXi 主机都将第 2 张网卡分配到分布式交换机中,作为其中的上行链路,并且配置对应的 VMK 网卡。vSphere 创建的分布式交换机的参数和各 ESXi 主机关联分布式交换机的网卡,分别如表 6-1 和表 6-2 所示。分布式交换机与主机的连接的拓扑如图 6-1 所示。

表 6-1    vSphere 创建的分布式交换机参数

| 名　　称 | 上行链路数 | 端　口　组 | DSwitch 版本 | 包含主机 | 上行链路端口组 |
|---|---|---|---|---|---|
| DSwitch | 4 | DPortGroup | 7.0.0 | ESXi-1<br>ESXi-2<br>ESXi-3 | DSwitch-DV<br>Uplinks-11 |

表 6-2    各 ESXi 主机关联分布式交换机的网卡

| 主　　机 | 关联交换机 | VMkernel 关联网卡 | VMkernel IP |
|---|---|---|---|
| ESXi-1 | DSwitch | vmnic1 | 172.31.2.1 |
| ESXi-2 | DSwitch | vmnic1 | 172.31.2.2 |
| ESXi-3 | DSwitch | vmnic1 | 172.31.2.3 |

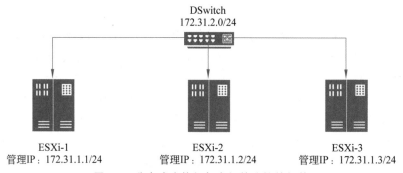

图 6-1    分布式交换机与主机的连接的拓扑

### 6.4.2    项目设计

随着公司的规模逐渐扩大,员工数量的增多,大量的无授权的访问给公司的数据安全带来隐患,所以小莫决定搭建虚拟云桌面对用户进行统一管理,在此之前需要通过创建标准交换机和标准端口组,然后将虚拟机添加到该标准交换机内,以保障网络的连通性。vSphere 创建的标准交换机的参数如表 6-3 所示。桌面虚拟化标准交换机功能如图 6-2 所示。

系统管理员的工作任务如下。

在 vSphere 管理平台创建分布式交换机,3 台 ESXi 主机托管到新建的分布式交换上,其参数如表 6-1 和表 6-2 所示,配置选项包括分布式交换机名称、VMkernel 网卡 IP 地址、分布式端口组、上行链路以及分配到分布式交换机内的物理适配器。

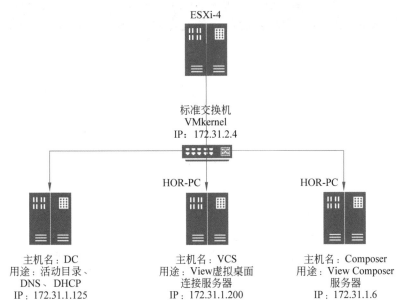

图 6-2 桌面虚拟化标准交换机功能

随后使用 vSphere 管理平台在 ESXi-4 主机上创建标准交换机,标准交换机的上行链路连接到服务器的第 2 张网卡(vmnic1),新建对应的端口组,实现云桌面区域的虚拟机互联互通,其参数如表 6-3 所示。

表 6-3 vSphere 创建的标准交换机参数

| 名    称 | 宿主机 | 物理适配器 | MTU | 标    签 |
|---|---|---|---|---|
| vSwitch-4 | ESXi-4 | vmnic1 | 1500 | 管理 |
|  | VLAN ID | 端口组 | VMkernel IP | MAC 地址更改和伪传输 |
|  | 0 | HOR-PC | 172.31.2.4 | 开启 |

## 6.4.3 项目实现

**1. 私有云服务器区域虚拟网络搭建**

(1) 右击数据中心【Jan16】,在弹出的快捷菜单中选择【Distributed Switch】-【新建 Distributed Switch】选项,如图 6-3 所示。

(2) 在【名称和位置】界面,设置分布式交换机名称以及位置,如图 6-4 所示。

(3) 在【选择版本】界面,选择版本为【7.0.0-ESXi-7.0 及更高版本】,如图 6-5 所示。

(4) 在【配置设置】界面,指定上行链路端口数和默认端口组名称,其余选项保持默认配置,如图 6-6 所示。

(5) 在【即将完成】界面,检查配置无误后单击【完成】按钮,如图 6-7 所示。

(6) 创建完成后,左侧导航栏出现【DSwitch】,右击【DSwitch】选项,选择【添加和管理主机】选项,如图 6-8 所示。

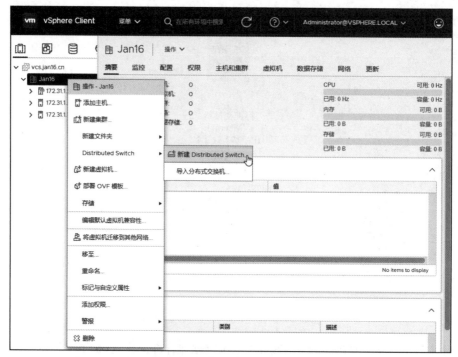

图 6-3　新建 Distributed Switch

图 6-4　设置分布式交换机名称以及位置

图 6-5　选择版本

图 6-6　指定上行链路端口数和默认端口组名称

图 6-7　检查配置

图 6-8　添加和管理主机

（7）在【选择任务】界面，选择【添加主机】按钮，如图 6-9 所示。

（8）在【选择主机】界面，选择托管到分布式交换的主机，如图 6-10 所示。

图 6-9　选择添加主机

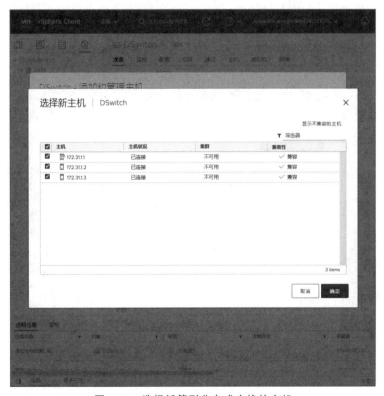

图 6-10　选择托管到分布式交换的主机

（9）完成上述操作后，查看添加的主机，如图 6-11 所示。

图 6-11　查看添加的主机

（10）在【管理物理适配器】界面，将 vmnic1 分配到分布式交换机的上行链路内，如图 6-12
所示。

图 6-12　管理物理适配器

（11）在【管理 VMkernel 适配器】界面，保持默认配置，暂无 VMK 网卡可供迁移，随后单击【NEXT】按钮，进入下一步操作，如图 6-13 所示。

图 6-13 管理 VMkernel 适配器

（12）在【迁移虚拟机网络】界面，将 2 台在 ESXi-1 下的虚拟机端口组由标准端口组【VM Network】迁移到分布式端口组【DPortGroup】，如图 6-14 所示。

图 6-14 迁移虚拟机网络

（13）在【即将完成】界面，检查配置无误后，单击【FINISH】按钮，完成操作，如图 6-15 所示。

图 6-15　检查配置

（14）右击在数据中心内的 ESXi 主机【172.31.1.1】，单击【添加网络】按钮，如图 6-16 所示。

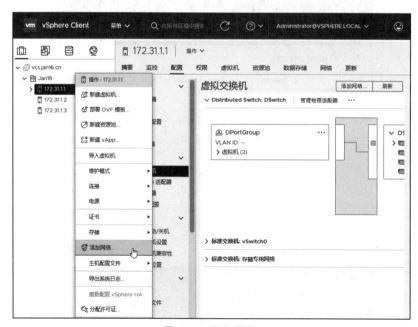

图 6-16　添加网络

（15）在【选择连接类型】界面，选择【VMkernel 网络适配器】选项，单击【NEXT】按钮，如图 6-17 所示。

图 6-17　分配网络适配器

（16）在【选择目标设备】界面，选择【选择现有网络】选项并单击【浏览】按钮，如图 6-18 所示。

图 6-18　选择目标设备

（17）选择网络连接的端口组为分布式端口组【DPortGroup】，如图 6-19 所示。

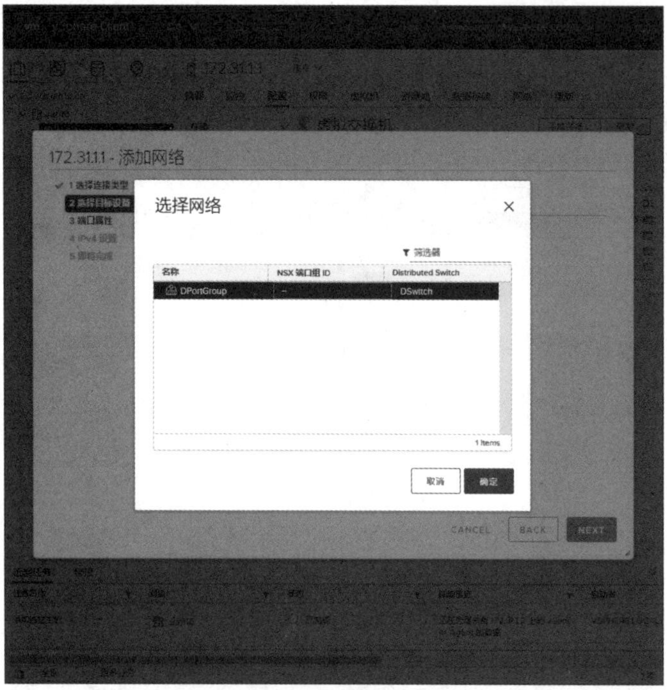

图 6-19　选择网络

（18）在【端口属性】界面，【IP 设置】设置为【IPv4】，【已启用的服务】勾选【管理】选项，剩余选项保持默认配置，如图 6-20 所示。

图 6-20　端口属性设置

（19）在【IPv4 设置】界面，选择【使用静态 IPv4 设置】，IPv4 地址为 172.31.2.1，如图 6-21 所示。

图 6-21　IPv4 设置

（20）在【即将完成】界面，检查配置无误后，单击【FINISH】按钮完成操作，如图 6-22 所示。

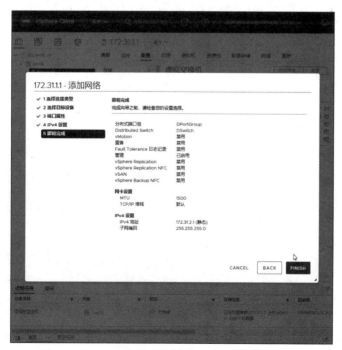

图 6-22　检查配置

（21）测试步骤如下。

① 在【网络】选项卡单击【DSwitch】-【配置】-【拓扑】选项查看分布式交换机拓扑，其内容包括托管在分布式交换机的上行链路和 VMK 网卡，如图 6-23 所示。

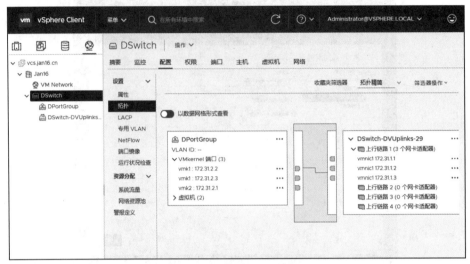

图 6-23　分布式交换机拓扑

② 单击【DPortGroup】-【端口】，查看分布式端口组，如图 6-24 所示。

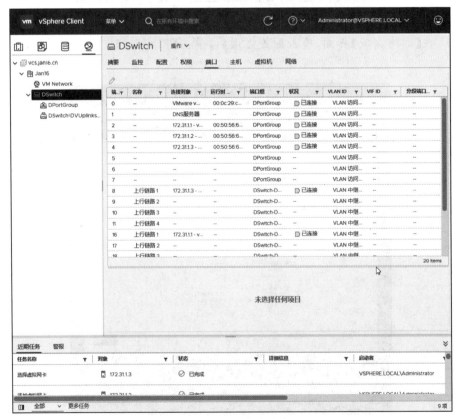

图 6-24　查看分布式端口组

**2. 云桌面区域虚拟网络搭建**

（1）右击 ESXi-4 主机，先选择【添加网络】-【选择连接类型】，再选择【标准交换机的虚拟机端口组】，如图 6-25 所示。

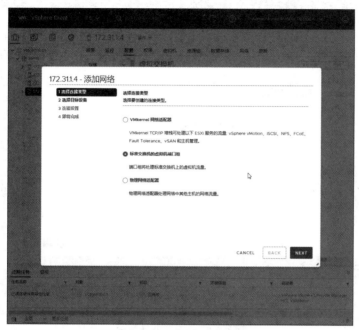

图 6-25　添加标准交换机

（2）在【选择目标设备】界面，单击【新建标准交换机】按钮，设置【MTU（字节）】为 1500，如图 6-26 所示。

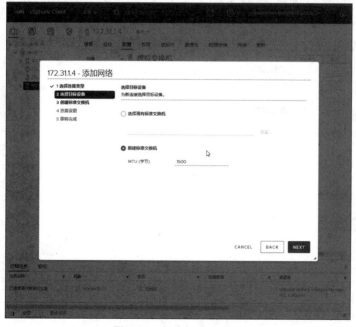

图 6-26　新建标准交换机

（3）在【创建标准交换机】界面，单击"＋"按钮分配 vmnic1 用作新建标准交换机的【活动适配器】，如图 6-27 所示。

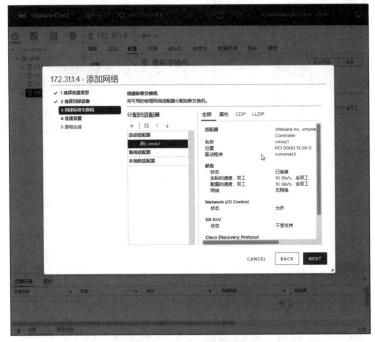

图 6-27　分配活动适配器

（4）在【连接设置】界面，设置【网络标签】为【网络】，【VLAN ID】为【无（0）】，如图 6-28 所示。

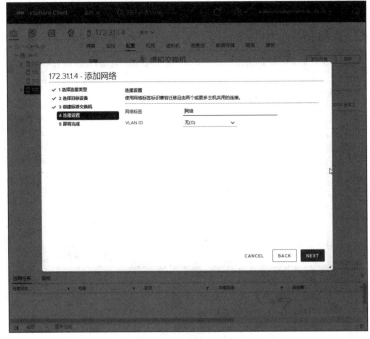

图 6-28　连接设置

（5）在【即将完成】界面，检查配置无误后单击【FINISH】按钮，如图 6-29 所示。

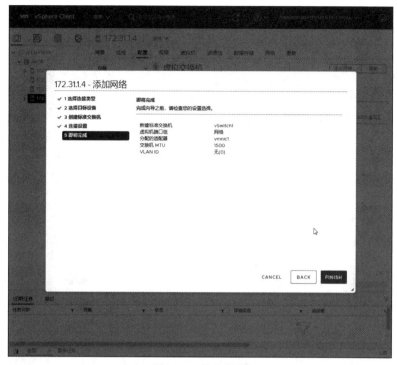

图 6-29　检查配置

（6）右击在数据中心内的 ESXi 主机【172.31.1.4】，单击【添加网络】按钮，如图 6-30 所示。

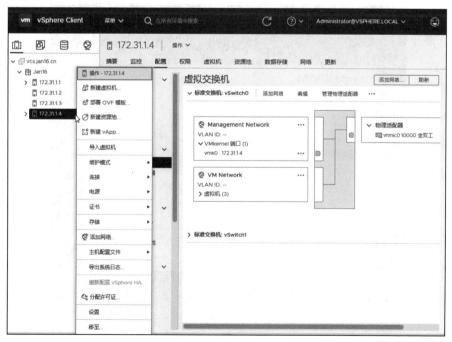

图 6-30　添加网络

（7）在【选择连接类型】界面，选择【VMkernel 网络适配器】选项，单击【NEXT】按钮，如图 6-31 所示。

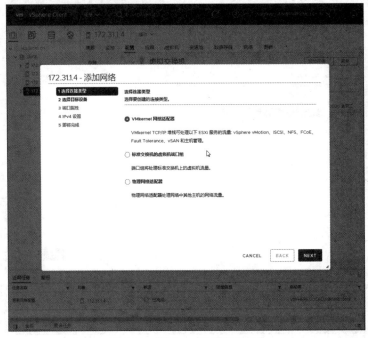

图 6-31　VMkernel 网络适配器

（8）在【选择目标设备】界面，选择【选择现有标准交换机】，单击【浏览】按钮，如图 6-32 所示。

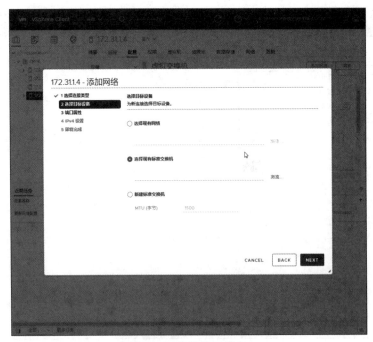

图 6-32　选择目标设备

（9）选择交换机【vSwitch1】，如图 6-33 所示。

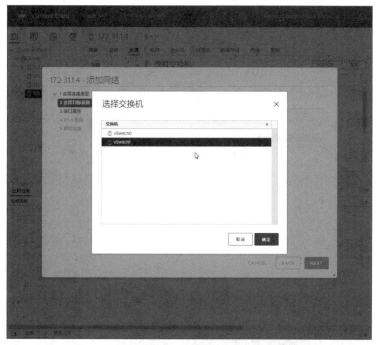

图 6-33  选择交换机

（10）在【端口属性】界面，【IP 设置】设置为 IPv4，【已启用的服务】勾选【管理】选项，剩余选项保持默认配置，如图 6-34 所示。

图 6-34  端口属性设置

（11）在【IPv4 设置】界面，选择【使用静态 IPv4 设置】，IPv4 地址为 172.31.2.4，如图 6-35 所示。

图 6-35　IPv4 设置

（12）在【即将完成】界面，检查设置无误后，单击【FINISH】按钮完成操作，如图 6-36 所示。

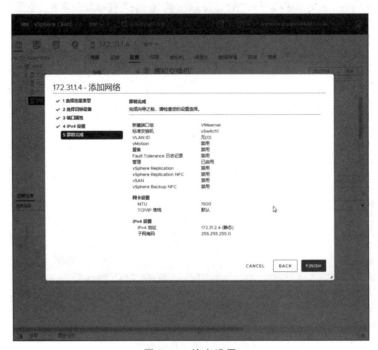

图 6-36　检查设置

（13）测试步骤如下。

① 单击左侧导航栏【172.31.1.4】-【配置】-【虚拟交换机】，查看添加的标准交换机
【vSwitch1】，如图 6-37 所示。

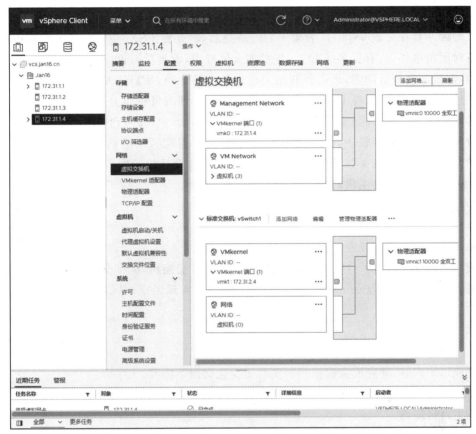

图 6-37　查看添加的标准交换机

② 在客户端使用 Ping 命令检查 VMK 网卡是否能正常通信，如图 6-38 所示。

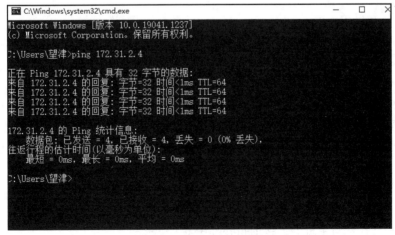

图 6-38　使用 Ping 命令检查

## 6.5　实验任务 1

### 6.5.1　任务简介

工程师小莫在完成 vSphere 管理平台的搭建后,将 3 台 ESXi 主机都加入集群中,考虑到随着时间的推移,会有更多的 ESXi 主机加入集群中,管理员对网络管理的难度会逐渐提高,而且需要实现高级功能,也需要有稳定连通的网络环境,所以小莫决定在 vSphere 平台上先创建分布式交换机,将 ESXi 主机的数据流量和管理流量进行分离,所以需要将服务器区域的 3 台 ESXi 主机加入新建的分布式交换机 DSwitch 中,每一台 ESXi 主机都将第 2 张网卡分配到分布式交换机中,作为其中的上行链路,并且配置对应的 VMK 网卡。vSphere 创建的分布式交换机的参数和各 ESXi 主机关联分布式交换机的网卡分别如表 6-1 和表 6-2 所示。分布式交换机与主机的连接的拓扑如图 6-1 所示。

### 6.5.2　任务设计

系统管理员的工作任务如下。

使用 vSphere 管理平台在 ESXi-4 主机上创建标准交换机,标准交换机的上行链路连接到服务器的第 2 张网卡(vmnic1),新建对应的端口组,实现云桌面区域的虚拟机互联互通,其参数如表 6-3 所示。

### 6.5.3　实验报告

完成以上内容,并完成实验报告。实验至少包含以下内容。

(1) 在 ESXi-4 主机内,在虚拟交换机选项卡,查看新建的标准交换机是否正确连接到规划的上行链路内。

(2) 在 ESXi-4 主机内,查看端口组是否正确连接到 VMK 网卡内。

(3) 在客户端使用 Ping 命令查看 VMK 网卡是否连通。

## 6.6　实验任务 2

### 6.6.1　任务简介

工程师小莫在完成 vSphere 管理平台的搭建后,将 3 台 ESXi 主机都加入集群中,考虑到随着时间的推移,会有更多的 ESXi 主机加入集群中,管理员对网络管理的难度会逐渐提高,而且需要实现高级功能,也需要有稳定连通的网络环境,所以小莫决定在 vSphere 平台上先创建分布式交换机,将 ESXi 主机的数据流量和管理流量进行分离,所以需要将服务器区域的 3 台 ESXi 主机加入新建的分布式交换机 DSwitch 中,每一台 ESXi 主机都将第 2 张网卡分配到分布式交换机中,作为其中的上行链路,并且配置对应的 VMK 网卡。vSphere 创建的分布式交换机的参数和各 ESXi 主机关联分布式交换机的网卡分别如表 6-1 和表 6-2 所示。分布式交换机与主机的连接的拓扑如图 6-1 所示。

随着公司的规模逐渐扩大,员工数量的增多,大量无授权的访问给公司的数据安全带来隐患,所以小莫决定搭建虚拟云桌面对用户进行统一管理,在此之前需要通过创建标准交换机和标准端口组,然后将虚拟机添加到该标准交换机内,以保障网络的连通性。vSphere 创建的标准交换机参数如表 6-3 所示。桌面虚拟化标准交换机功能如图 6-2 所示。

### 6.6.2　任务设计

系统管理员的工作任务如下。

在 vSphere 管理平台创建分布式交换机,3 台 ESXi 主机托管到新建的分布式交换上,参数如表 6-1 和表 6-2 所示,配置选项包括分布式交换机名称、VMK 网卡 IP 地址、分布式端口组、上行链路以及分配到分布式交换机内的物理适配器。

### 6.6.3　实验报告

完成以上内容,并完成实验报告。实验至少包含以下内容。

(1) 单击分布式交换机的拓扑,查看新创建的分布式交换机、分布式端口组、上行链路端口组。

(2) 切换到单点 ESXi 主机的管理界面,在虚拟交换机选项卡,可以查看创建的 VMkernel 端口和分布式交换机,并且每个 VMK 网卡正确地连接到所分配的分布式端口组中。

(3) 查看分布式交换机上每个上行链路连接的物理适配器是否符合规划。

(4) 查看被分布式交换机托管的主机和虚拟机是否符合规划要求。

# 第 7 章　搭建虚拟服务机

## 7.1　vSphere 虚拟机简介

VMware vSphere 是业界领先且较可靠的虚拟化平台。vSphere 将应用程序和操作系统从底层硬件分离出来,从而简化 IT 操作。现有的应用程序可以看到专有资源,而服务器则可以作为资源池进行管理。因此,业务将在简化但恢复能力极强的 IT 环境中运行。

VMware、vSphere、Essentials 和 Essentials Plus 套件专为工作负载不足 20 台服务器的 IT 环境而设计,只需极少的投资即可通过经济高效的服务器整合和业务连续性为小型企业提供企业级 IT 管理。结合使用 vSphere Essentials Plus 与 vSphere Storage Appliance 软件,无须共享存储硬件即可实现业务连续性。

### 7.1.1　核心组件

vSphere 5 中,ESXi(取代原 ESX)与 Citrix 的 XenServer 相似,它是一款可以独立安装和运行在裸机上的系统,因此与其他 VMware Workstation 软件不同的是它不再依存于宿主操作系统之上。在 ESXi 安装好后,可以通过 vSphere Client 远程连接控制,在 ESXi 服务器上创建多个 VM(虚拟机),再为这些虚拟机安装好 Linux /Windows Server 系统,使之成为能提供各种网络应用服务的虚拟服务器,ESXi 也是从内核级支持硬件虚拟化,运行于其中的虚拟服务器在性能与稳定性上不亚于普通的硬件服务器,而且更易于管理维护。

VMware ESXi 5.0.0 的安装文件可以从 VMware 的官方网站直接下载(注册时需提供一个有效的邮箱),下载得到的是一个 VMware-VMvisor- Installer-5.0.0-469512.x86_64.iso 文件,可以刻录成光盘或量产到 U 盘使用,由于 ESXi 本身就是一个操作系统(Linux 内核),因此在初次安装时要用它来引导系统。

构成虚拟机的关键文件包括配置文件(.vmx)、虚拟磁盘文件(.vmdk)、虚拟机 BIOS 或 EFI 配置文件(.nvram)和日志文件(.log)。

虚拟机组件有操作系统、VMware Tools、虚拟资源和硬件。

使用虚拟机兼容性设置来选择可运行虚拟机的 ESXi 主机版本。每个虚拟机兼容性级别至少支持 5 个主要或次要 vSphere 版本。

### 7.1.2　主要优点

vSphere 虚拟机的主要优点如下。

(1)确保业务连续性和始终可用的 IT 环境。

(2)降低 IT 硬件和运营成本。

(3)提高应用程序质量。

(4)增强安全性和数据保护能力。

### 7.1.3　虚拟磁盘的形式

虚拟磁盘有以下 3 种形式。

（1）厚置备延迟置零：已默认的厚格式创建磁盘。创建过程中为虚拟磁盘分配所需的空间。创建时不会擦除物理设备上保留的任何数据，但是以后从虚拟机首次执行写操作时会按需要将其置零。

（2）厚置备设置零：在创建时，分配给所有的空间，在物理设备上清除以前的数据。另外在创建磁盘时，与创建其他类型的磁盘相比，所有数据都需要调到 0，花费更多时间。这样的磁盘是最安全的，因为磁盘块已经清除以前的数据，在第一次写入数据到磁盘块时有较好的性能。

（3）精简置备：在开始创建时里面没有数据，则占用物理存储空间为 0，随着磁盘写入的块的创建，逐渐增长到预先设置的空间。

### 7.1.4　VM Tools

VM Tools 是 VMware 虚拟机中自带的一种增强工具，提供增强的虚拟显卡和硬盘性能，以及同步虚拟机与主机的时钟的驱动程序。实现主机与虚拟机之间的文件共享，自由拖拉功能，鼠标也可以在虚拟机与主机之间自由移动，虚拟机的屏幕也可以实现自动全屏化。因此安装虚拟机后必定安装此驱动包，谨记安装 VM Tools 会按照创建虚拟机时选择的操作系统是 x32 还是 x64 版本进行选择，因此不能选错操作系统的版本类型。

## 7.2　虚拟机克隆

虚拟机克隆是创建一个虚拟机的副本，这个副本包含虚拟机硬件配置，安装的软件，用户设置和用户文件等。因为克隆之前会先创建一个快照，所以克隆过程不会影响原虚拟机，而且 vCenter 会生成和原始虚拟机不同的 MAC 地址和 UUID，这样克隆出来的虚拟机就可以独立存在并允许与原始虚拟机在同一个网络中存在而互不冲突。当然在克隆过程中也可以通过向导进行一些自定义属性设置，如 IP 地址、计算机名称、用户名等信息，或者使用现有的规范自定义（这个要预先在 vCenter 中创建）。注意，如果克隆的虚拟机是一个完整的操作系统或未封装的系统，那么克隆出来的虚拟机和原始虚拟机将具有相同的 SID（即唯一标识系统和用户），此时它们不能在同一个域中并存，所以克隆要按自己的环境需要，或者先对要克隆的虚拟机进行封装准备。克隆完成后的错误提示是因为没有创建新的 SID。

### 7.2.1　虚拟机模板

虚拟机模板是虚拟机的主副本，用于创建和置备新的虚拟机。此映像通常包含指定的操作系统和配置，可提供硬件组件的虚拟副本。模板通常与"自定义规范"功能一起使用，实现自动封装系统和自动应答虚拟机操作，达到批量快速部署的效果。注意，对于虚拟机客户操作系统为 Windows 2003 及以下的操作系统版本，需要预先把相应版本的 Sysprep 工具复制到 vCenter 服务器的 C：\users\all users\VMware\VMware VirtualCenter\sysprep 对应目录下，这样以后才能创建自定义规范，设置自定义规范应该勾选"生成新的安全 ID(SID)",然后通过模板结合自定义规范部署虚拟机。另外,如果要自定义 Linux 客户操作系统,就必须要求客户机已安装 Perl。还可以重新将模板转回虚拟机,通过模板和自定义规范部署虚拟机,首先创建自定义规范条目,然后使用模板部署虚拟机,并使用自定义规范。

### 7.2.2　虚拟机快照

快照是让虚拟机可以恢复到之前某一时间点状态的技术,一旦虚拟机的客户操作系统出现问题,就可以恢复到某个正常工作的配置状态下。快照技术只用于故障恢复,不能用作长期备份的方案。

## 7.3　项目开发及实现

### 7.3.1　项目描述

工程师小莫完成虚拟网络和共享存储的搭建后,开始正式部署可运行的业务系统,首先需要部署公司网站的后端数据库,经过公司内部研究讨论决定在 ESXi-1 主机的本地存储内搭建一台 Linux 服务器并安装数据库软件,Linux 服务器参数如表 7-1 所示。随后在 ESXi-4 主机上搭建一台 DHCP 服务器,为客户机分配 IP 地址、网关、DNS 服务器等参数,DHCP 服务器存放在 iSCSI 的共享存储上,方便未来进行迁移操作,Windows 服务器参数如表 7-2 所示。

表 7-1　Linux 服务器参数

| 虚拟机名称 | 部署节点 | CPU | 内　　存 | 磁　　盘 | 兼　容　性 |
|---|---|---|---|---|---|
| Linux-sql | ESXi-1 | 4 | 2048MB | 60GB | 7.0 |
| | 操作系统 | 版　本 | 网　　络 | 驱　动　器 | 存　储　位　置 |
| | Linux | CentOS 7 | VM Network | 数据存储 ISO 文件 | 本地数据存储 |

表 7-2　Windows 服务器参数

| 虚拟机名称 | 部署节点 | CPU | 内　存 | 磁　　盘 | 兼　容　性 |
|---|---|---|---|---|---|
| Win-dhcp | ESXi-4 | 2 | 2048MB | 60GB | 7.0 |
| | 操作系统 | 版　本 | 网　　络 | 驱　动　器 | 存　储　位　置 |
| | Linux | CentOS 7 | VM Network | 数据存储 ISO 文件 | 共享 iSCSI 数据存储 |

### 7.3.2　项目设计

虚拟机搭建完成后,分别接入对应的网络中,虚拟机接入网络参数如表 7-3 所示。但是工程师小莫发现每次部署虚拟机花费的时间太长,所以决定制作虚拟机模板,并自定义规范,规范如表 7-4 所示。再通过模板克隆虚拟机,以此提高工作效率。任务拓扑如图 7-1 所示。

表 7-3 虚拟机接入网络参数

| 虚拟机名称 | 宿 主 机 | 端 口 组 | 交 换 机 |
| --- | --- | --- | --- |
| Linux-sql | ESXi-1 | DPortGroup | DSwitch |
| Win-dhcp | ESXi-4 | HOR-PC | vSwitch-4 |

表 7-4 虚拟机自定义规范参数

| 规 范 名 称 | 目标操作系统 | 域 名 | 时 区 | 硬件时钟 |
| --- | --- | --- | --- | --- |
| Linux | Linux | Jan.cn | 亚洲上海 | 本地时间 |
| 网 络 | 网络自定义设置 | 子网掩码 | 默认网关 | DNS 服务器 |
| 手动选择自定义设置 | 使用规范时,提示用户输入 IPv4 地址 | 255.255.255.0 | 172.31.1.254 | 172.31.1.253 |

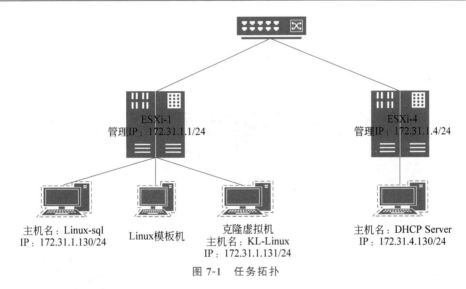

图 7-1 任务拓扑

系统管理员的工作任务如下。

在 ESXi-1 和 ESXi-4 主机上按规划要求创建两台虚拟机,创建完成后加入到对应的端口组内,随后将创建在 ESXi-1 主机上的 Linux 虚拟机转化为模板,并按要求编写自定义规范,随后使用模板克隆虚拟机并使用编写的虚拟机自定义规范进行部署。再根据网络设置规划设置克隆虚拟机的 IP 地址为 172.31.1.131/24。

### 7.3.3 项目实现

**1. 创建服务器区域的 Web 服务器的虚拟机(Linux)**

(1) 右击 ESXi 主机【172.31.1.1】,在弹出的快捷菜单中选择【新建虚拟机】选项,如图 7-2 所示。

(2) 在【选择创建类型】界面,单击【创建新虚拟机】选项,如图 7-3 所示。

(3) 在【选择名称和文件夹】界面,设置【虚拟机名称】为 Linux-sql,并为该虚拟机选择位置,如图 7-4 所示。

(4) 在【选择计算资源】界面,选择虚拟机部署的位置【172.31.1.1】,如图 7-5 所示。

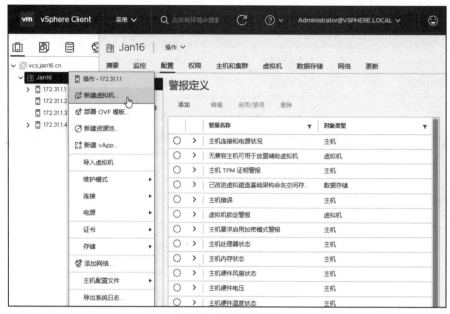

图 7-2　新建虚拟机

图 7-3　创建新虚拟机

（5）在【选择存储】界面，将虚拟机配置文件和磁盘文件存储在本地存储【datastore1】内，如图 7-6 所示。

图 7-4　选择名称和文件夹

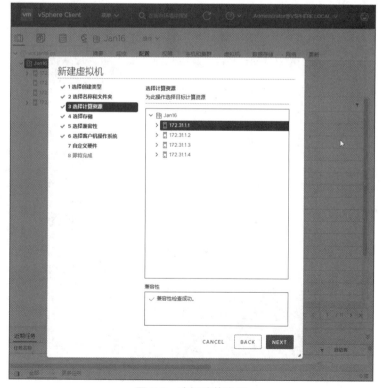

图 7-5　选择计算资源

图 7-6　选择存储

（6）在【选择兼容性】界面，单击兼容后的下拉箭头，在弹出的下拉菜单中选择【ESXi 7.0 U2 及更高版本】，如图 7-7 所示。

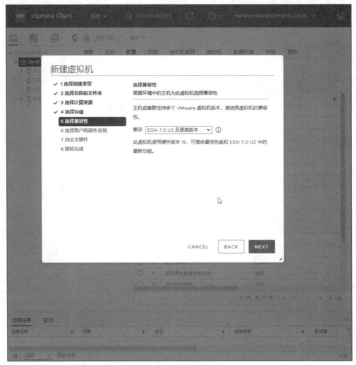

图 7-7　选择兼容性

（7）在【选择客户机操作系统】界面，选择客户机操作系统系列为【Linux】，客户机操作系统版本为【CentOS 8（64 位）】，如图 7-8 所示。

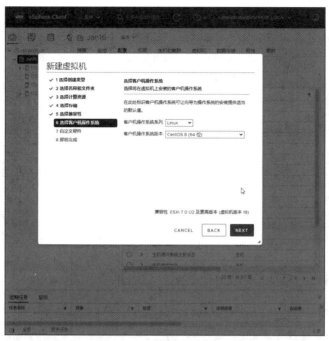

图 7-8　选择客户机操作系统

（8）在【自定义硬件】界面，设置【新的 CD/DVD 驱动器】为【数据存储 ISO 文件】，如图 7-9 所示。

图 7-9　自定义硬件

（9）在弹出的界面选择镜像光盘【CentOS-8.2.2004-x86_64-dvd1.iso】，随后单击【确定】按钮，如图 7-10 所示。

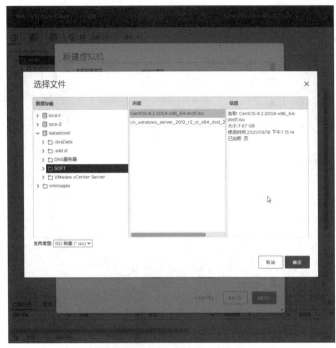

图 7-10　选择镜像光盘

（10）在【即将完成】界面，检查配置无误后，单击【FINISH】按钮，如图 7-11 所示。

图 7-11　检查配置

（11）测试步骤如下。

① 右击新建的虚拟机【Linux-sql】，在弹出的快捷菜单中选择【启动】-【打开电源】选项，如图 7-12 所示。

图 7-12　启动虚拟机

② 虚拟机开始运行，如图 7-13 所示。

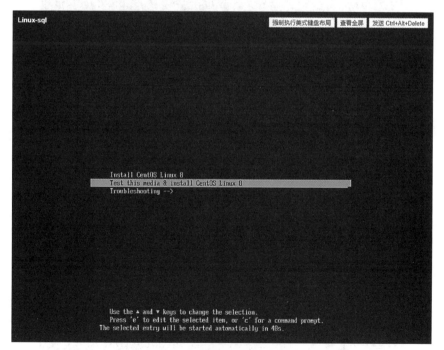

图 7-13　虚拟机开始运行

**2. 创建云桌面区域的 DHCP 服务的虚拟机（Windows）**

（1）右击 ESXi 主机【172.31.1.4】，在弹出的快捷菜单中选择【新建虚拟机】选项，如图 7-14 所示。

图 7-14　新建虚拟机

（2）在【选择创建类型】界面，单击【创建新虚拟机】选项，如图 7-15 所示。

图 7-15　选择创建类型

（3）在【选择名称和文件夹】界面，设置【虚拟机名称】为【win-dhcp】，虚拟机位置为【Jan16】，如图 7-16 所示。

图 7-16　选择名称和文件夹

（4）在【选择计算资源】界面，选择虚拟机部署的位置【172.31.1.4】，如图 7-17 所示。

图 7-17　选择计算资源

（5）在【选择存储】界面，将虚拟机配置文件和磁盘文件存储在共享存储【iscsi-1】内，如图 7-18 所示。

图 7-18　选择存储

（6）在【选择兼容性】界面，单击兼容后的下拉箭头，从弹出的下拉菜单中选择【ESXi 7.0 U2 及更高版本】，如图 7-19 所示。

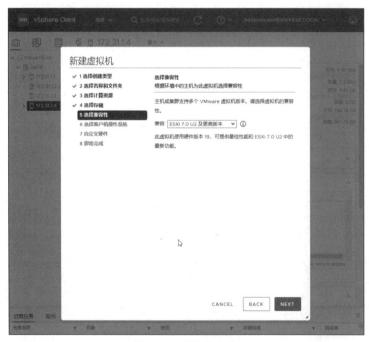

图 7-19　选择兼容性

（7）在【选择客户机操作系统】界面，选择客户机操作系统系列为【Windows】，客户机操作系统版本为【Microsoft Windows Server 2012（64 位）】，如图 7-20 所示。

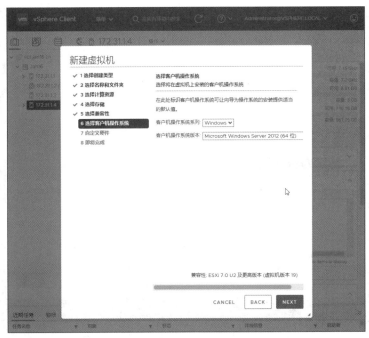

图 7-20　选择客户机操作系统

（8）在【自定义硬件】界面，设置【新的 CD/DVD 驱动器】为【数据存储 ISO 文件】，如图 7-21 所示。

图 7-21　自定义硬件

（9）在弹出的界面选择镜像光盘（iso）【cn_sql_server_2012_enterprise_edition_with】，随后单击【确定】按钮，如图 7-22 所示。

图 7-22　选择镜像光盘

（10）在【即将完成】界面，检查配置无误后单击【FINISH】按钮，如图 7-23 所示。

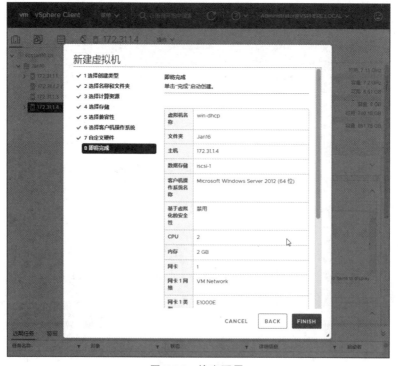

图 7-23　检查配置

（11）测试步骤如下。

① 右击新建的虚拟机【win-dhcp】，从弹出的快捷菜单中选择【启动】-【打开电源】选项，如图 7-24 所示。

图 7-24　启动虚拟机

② 虚拟机开始运行，如图 7-25 所示。

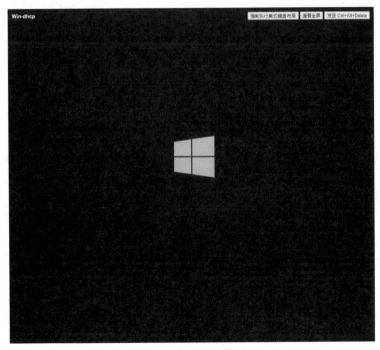

图 7-25　虚拟机开始运行

**3. 将虚拟机加入到虚拟网络中**

（1）在左侧导航栏选择要迁移网络的虚拟机，在【网络】选项卡右击虚拟机当前使用的端口组，从弹出的快捷菜单中选择【将虚拟机迁移到其他网络】，如图 7-26 所示。

图 7-26　将虚拟机迁移到其他网络

（2）在【选择源网络和目标网络】界面，单击【目标网络】-【浏览】，如图 7-27 所示。

图 7-27　选择源网络和目标网络（1）

（3）弹出【选择网络】界面，选中需要迁移的分布式端口组【DPortGroup】，随后单击【确定】按钮，如图 7-28 所示。

（4）设置完成后，单击【NEXT】按钮，如图 7-29 所示。

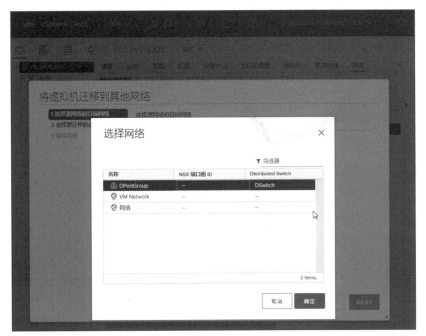

图 7-28　选择网络

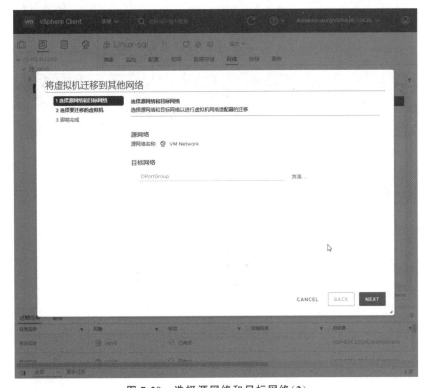

图 7-29　选择源网络和目标网络（2）

（5）在【选择要迁移的虚拟机】界面，勾选需要迁移网络的虚拟机【Linux-sql】，随后单击
【NEXT】按钮，如图 7-30 所示。

图 7-30　选择要迁移的虚拟机

（6）在【即将完成】界面，检查配置无误后单击【FINISH】按钮，如图 7-31 所示。

图 7-31　检查配置

（7）测试：查看虚拟机迁移后的网络，如图 7-32 所示。

迁移后的网络

**4. 制作**

（1）在 2 ……机【Linux-sql】，在弹出的选项卡依次选择【模板】-【转……

图 7-33 制作模板机

（2）在【确认转换】界面，选择【是】，如图 7-34 所示。

（3）测试：模板创建完成，如图 7-35 所示。

**5. 通过模板机克隆虚拟机**

（1）右击已创建的模板机【Linux-sql】，选择【从此模板新建虚拟机】选项，如图 7-36 所示。

（2）在【选择名称和文件夹】界面，设置虚拟机名称和位置，如图 7-37 所示。

图 7-34　确认转换

图 7-35　模板机界面

图 7-36　从此模板新建虚拟机

图 7-37　选择名称和文件夹

（3）在【选择计算资源】界面，选择部署的主机为【172.31.1.3】，如图 7-38 所示。

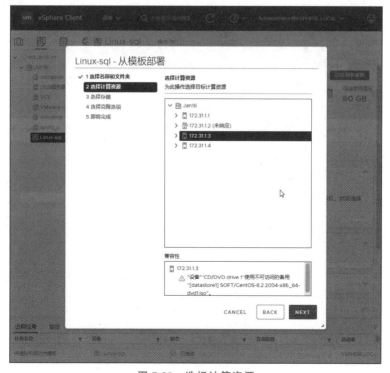

图 7-38　选择计算资源

（4）在【选择存储】界面，选择虚拟机配置文件和磁盘文件存储位置为本地存储【datastore1】，如图 7-39 所示。

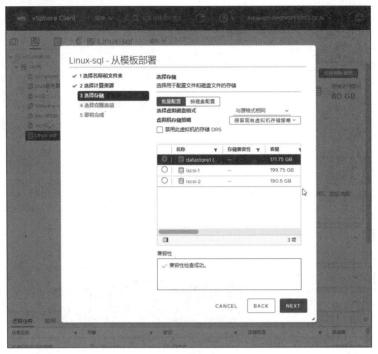

图 7-39　选择存储

（5）在【选择克隆选项】界面，勾选【创建后打开虚拟机电源】复选框，如图 7-40 所示。

图 7-40　选择克隆选项

（6）在【即将完成】界面，检查配置无误后单击【FINISH】按钮，如图 7-41 所示。

图 7-41　检查配置

（7）测试：查看通过模板创建的虚拟机，如图 7-42 所示。

图 7-42　查看创建的虚拟机

## 7.4 实验任务 1：搭建 Linux 虚拟机

### 7.4.1 任务简介

工程师小莫完成虚拟网络和共享存储的搭建后，开始正式部署可运行的业务系统，首先需要部署公司网站的后端数据库，经过公司内部研究讨论决定在 ESXi-1 主机的本地存储内搭建一台 Linux 服务器并安装数据库软件，Linux 服务器参数如表 7-1 所示。随后在 ESXi-4 主机上搭建一台 DHCP 服务器，为客户机分配 IP 地址、网关、DNS 服务器等参数，DHCP 服务器存放在 iSCSI 的共享存储上，方便未来进行迁移操作，Windows 服务器参数如表 7-2 所示。虚拟机搭建完成后，分别接入对应的网络中，虚拟机接入网络参数如表 7-3 所示。但是工程师小莫发现每次部署虚拟机花费的时间太长，所以决定制作虚拟机模板，并自定义规范，规范如表 7-4 所示。再通过模板机克隆虚拟机，以此提高工作效率。任务拓扑如图 7-1 所示。

### 7.4.2 任务设计

系统管理员的工作任务如下。

在 ESXi-1 主机内创建 Linux 操作系统的虚拟机。

### 7.4.3 实验报告

完成以上内容，并完成实验报告。实验至少包含以下内容。

（1）在 vSphere 的管理界面可查看创建的虚拟机运行情况，并且能通过控制台进入虚拟机的系统。

（2）查看 Linux 虚拟机 IP、主机名等参数，是否与规划要求相对应。

（3）查看 Linux 虚拟机部署位置是否符合要求。

## 7.5 实验任务 2：搭建 Windows 虚拟机

### 7.5.1 任务简介

工程师小莫完成虚拟网络和共享存储的搭建后，开始正式部署可运行的业务系统，首先需要部署公司网站的后端数据库，经过公司内部研究讨论决定在 ESXi-1 主机的本地存储内搭建一台 Linux 服务器并安装数据库软件，Linux 服务器参数如表 7-1 所示。随后在 ESXi-4 主机上搭建一台 DHCP 服务器，为客户机分配 IP 地址、网关、DNS 服务器等参数，DHCP 服务器存放在 iSCSI 的共享存储上，方便未来进行迁移操作，Windows 服务器参数如表 7-2 所示。虚拟机搭建完成后，分别接入对应的网络中，虚拟机接入网络参数如表 7-3 所示。但是工程师小莫发现每次部署虚拟机花费的时间太长，所以决定制作虚拟机模板，并自定义规范，规范如表 7-4 所示。再通过模板机克隆虚拟机，以此提高工作效率。任务拓扑如图 7-1 所示。

### 7.5.2 任务设计

系统管理员的工作任务如下。

在 ESXi-4 主机上创建 Windows 操作系统的虚拟机。

### 7.5.3 实验报告

完成以上内容,并完成实验报告。实验至少包含以下内容。

(1) 在 vSphere 的管理界面可查看创建的虚拟机运行情况,并且能通过控制台进入虚拟机的系统。

(2) 查看 IP、主机名等参数,是否与规划要求相对应。

(3) 查看 Windows 虚拟机部署位置是否正确。

## 7.6 实验任务 3:更改虚拟机网络

### 7.6.1 任务简介

工程师小莫完成虚拟网络和共享存储的搭建后,开始正式部署可运行的业务系统,首先需要部署公司网站的后端数据库,经过公司内部研究讨论决定在 ESXi-1 主机的本地存储内搭建一台 Linux 服务器并安装数据库软件,Linux 服务器参数如表 7-1 所示。随后在 ESXi-4 主机上搭建一台 DHCP 服务器,为客户机分配 IP 地址、网关、DNS 服务器等参数,DHCP 服务器存放在 iSCSI 的共享存储上,方便未来进行迁移操作,Windows 服务器参数如表 7-2 所示。虚拟机搭建完成后,分别接入对应的网络中,虚拟机接入网络参数如表 7-3 所示。但是工程师小莫发现每次部署虚拟机花费的时间太长,所以决定制作虚拟机模板,并自定义规范,规范如表 7-4 所示。再通过模板机克隆虚拟机,以此提高工作效率。任务拓扑如图 7-1 所示。

### 7.6.2 任务设计

系统管理员的工作任务如下。

将 ESXi-1 主机上的安装了 Linux 操作系统的虚拟机进行虚拟机网络的迁移。

### 7.6.3 实验报告

完成以上内容,并完成实验报告。实验至少包含以下内容。

(1) 迁移完成后,查看到 Linux 虚拟机加入分布式端口组内。

(2) 迁移完成后,客户端使用 Ping 命令检查虚拟机的连通性,应可以正常连通。

## 7.7 实验任务 4:制作模板机

### 7.7.1 任务简介

工程师小莫完成虚拟网络和共享存储的搭建后,开始正式部署可运行的业务系统,首先需要部署公司网站的后端数据库,经过公司内部研究讨论决定在 ESXi-1 主机的本地存储内搭建一台 Linux 服务器并安装数据库软件,Linux 服务器参数如表 7-1 所示。随后在 ESXi-4 主机上搭建一台 DHCP 服务器,为客户机分配 IP 地址、网关、DNS 服务器等参数,DHCP 服务器存放在 iSCSI 的共享存储上,方便未来进行迁移操作,Windows 服务器参数如表 7-2 所示。虚拟机搭建完成后,分别接入对应的网络中,虚拟机接入网络参数如表 7-3 所示。但是工程师小莫发现每次部署虚拟机花费的时间太长,所以决定制作虚拟机模板,并自定义规范,规范如表 7-4 所示。再通过模板机克隆虚拟机,以此提高工作效率。任务拓扑如图 7-1 所示。

### 7.7.2　任务设计

系统管理员的工作任务如下。

将创建在 ESXi-1 主机上的 Linux 虚拟机转化为模板,并按要求编写自定义规范,随后使用模板机克隆虚拟机并使用编写的虚拟机自定义规范进行部署。再根据网络设置规划设置克隆虚拟机的 IP 地址为 172.31.1.131/24。

### 7.7.3　实验报告

完成以上内容,并完成实验报告。实验至少包含以下内容。

(1) 查看 Linux 虚拟机是否转化成为模板。

(2) 查看虚拟机自定义规范是否按规划要求编写。

## 7.8　实验任务 5:通过模板机克隆虚拟机

### 7.8.1　任务简介

工程师小莫完成虚拟网络和共享存储的搭建后,开始正式部署可运行的业务系统,首先需要部署公司网站的后端数据库,经过公司内部研究讨论决定在 ESXi-1 主机的本地存储内搭建一台 Linux 服务器并安装数据库软件,Linux 服务器参数如表 7-1 所示。随后在 ESXi-4 主机上搭建一台 DHCP 服务器,为客户机分配 IP 地址、网关、DNS 服务器等参数,DHCP 服务器存放在 iSCSI 的共享存储上,方便未来进行迁移操作,Windows 服务器参数如表 7-2 所示。虚拟机搭建完成后,分别接入对应的网络中,虚拟机接入网络参数如表 7-3 所示。但是工程师小莫发现每次部署虚拟机花费的时间太长,所以决定制作虚拟机模板,并自定义规范,规范如表 7-4 所示。再通过模板机克隆虚拟机,以此提高工作效率。任务拓扑如图 7-1 所示。

### 7.8.2　任务设计

系统管理员的工作任务如下。

将 ESXi-1 主机上的 Linux 虚拟机进行克隆,部署位置为 ESXi-3 主机。

### 7.8.3　实验报告

完成以上内容,并完成实验报告。实验至少包含以下内容。

在 ESXi-3 主机查看到从 ESXi-1 主机克隆过来的虚拟机。

# 第 8 章　配置 vCenter Server 高级应用——vMotion 迁移

## 8.1　vMotion 简介

VMware vMotion 可使 IT 环境保持正常运行，提供空前的灵活性和可用性，以满足您的业务和最终用户不断增长的需要。以零停机时间迁移虚拟机。

VMware vMotion 是 VMware 开发出的一项独特技术，它将服务器、存储和网络设备完全虚拟化，使得正在运行的整个虚拟机能够在瞬间从一台服务器移到另一台服务器上。虚拟机的全部状态由存储在共享存储器上的一组文件进行封装，而 VMware 的 VMFS 集群文件系统允许源和目标 VMware ESX 同时访问这些虚拟机文件。然后，虚拟机的活动内存和精确的执行状态可通过高速网络迅速传输。由于网络也被 VMware ESX 虚拟化，因此，虚拟机保留其网络标识和连接，从而确保实现无缝迁移。

### 8.1.1　虚拟机迁移的 5 种类型

虚拟机迁移分为以下 5 种类型。

（1）冷迁移：将关闭电源的虚拟机迁移到新的主机或数据存储中。

（2）挂起：将挂起的虚拟机迁移到新的主机或数据存储。

挂起可以让虚拟机记录当前虚拟机的状态，下次恢复的时候恢复到挂起时的状态，以便接着工作。

（3）vSphere vMotion：将已启动的虚拟机迁移到新主机。

（4）vSphere Storage vMotion：将打开电源的虚拟机的文件迁移到新的数据存储中。

企业部署虚拟化后，如果发现存储的性能出现问题，或者需要对存储进行维护时，就需要进行 Storage vMotion。不同于虚拟机的 vMotion，Storage vMotion 迁移的是虚拟机存储的位置，而不是内存运行位置。虚拟机在 ESXi 中以文件的形式存在，Storage vMotion 就是将虚拟机的文件从 A 存储迁移到 B 存储。

（5）不共享的 vSphere vMotion：将一个打开电源的虚拟机同时迁移到一个新的主机和一个新的数据存储中。

### 8.1.2　vSphere vMotion 提供的功能

vSphere vMotion 可提供以下功能。

（1）改善整体硬件使用（提高整体硬件利用率，更改 ESXi 资源利用率高的虚拟机）。

（2）支持连续的虚拟机操作，同时适应计划的硬件停机时间。

没有应用程序可以承受停机时间，但幸运的是一些停机时间是完全可以避免的。对于提前知道系统停机时间突出的情况（如维护、移动或自然灾害），可以从预期停机时间不到的服务器执行工作负载的 vMotion。其实就是不停机的情况下迁移虚拟机。

（3）允许 vSphere DRS 在主机之间平衡虚拟机（用于主机维护，资源动态分配）。

### 8.1.3  运行 vMotion 的兼容性要求

运行 vMotion 的兼容性要求如下。

（1）不允许连接只能单台 ESXi 主机才能识别的设备，如光驱、软盘等。

（2）不允许连接没有物理网络的虚拟交换机。

（3）迁移的虚拟机必须存放在外部共享存储，且所有的 ESXi 主机均可访问。

（4）ESXi 主机至少有 1 块千兆网卡用于 vMotion。

（5）如果使用标准交换机，必须确保所有 ESXi 主机的端口组网络标签一致。

（6）所有 ESXi 主机使用的 CPU 供应商必须一致（如 Intel 或 AMD）。

## 8.2  vMotion 工作原理

使用 vMotion 将虚拟机从一台物理服务器实时迁移到另外一台物理服务器的过程是通过以下三项基础技术实现的。

（1）虚拟机的整个状态由存储在共享存储器（如光纤通道、iSCSI 存储区域网络（SAN），或网络连接存储（NAS））上的一组文件封装起来。VMWare 集群虚拟机文件系统（Virtual Machine File System，VMFS）允许安装多个 ESX Server，以并行访问同一组虚拟机文件。

（2）虚拟机的活动内存及精确的执行状态通过高速网络快速传输，因而允许虚拟机立即从源 ESX Server 上运行切换到目标 ESX Server 上运行。vMotion 通过在位图中连续跟踪内存事物来确保用户察觉不到此传输期。一旦整个内存和系统状态已被复制到目标 ESX Server，vMotion 将中止源虚拟机的运行，将位图复制到目标 ESX Server，并在目标 ESX Server 上恢复虚拟机的运行。整个过程在以太网上需要不到 2s 的时间。

（3）虚拟机使用的网络也被底层 ESX Server 虚拟化，确保即使在迁移之后，虚拟机的网络身份和网络连接也能保留下来。vMotion 在此过程中管理虚拟 MAC。一旦目标机被激活，vMotion 就会 ping 网络路由器，以确保它知道 MAC 地址的新物理位置。因为用 vMotion 进行虚拟机迁移可保持精确的执行状态、网络身份和活动网络连接，其结果是实现了零停机时间而且不中断用户操作。

## 8.3  vMotion 的虚拟机条件和限制

要使用 vMotion 迁移虚拟机，虚拟机必须满足特定网络、磁盘、CPU、USB 及其他设备的要求。

使用 vMotion 时，应符合以下虚拟机条件和限制。

（1）源和目标管理网络 IP 地址系列必须匹配。您不能将虚拟机从使用 IPv4 地址注册到 vCenter Server 的主机迁移到使用 IPv6 地址注册的主机。

（2）如果迁移具有大型 vGPU 配置文件的虚拟机，则对 vMotion 网络使用 1GbE 网络适配器可能会导致迁移失败，对 vMotion 网络需使用 10GbE 网络适配器。

（3）如果已启用虚拟 CPU 性能计数器，则可以将虚拟机只迁移到具有兼容 CPU 性能计数器的主机。

（4）可以迁移启用了 3D 图形的虚拟机。如果 3D 渲染器设置为"自动"，虚拟机会使用目标主机上显示的图形渲染器。渲染器可以是主机 CPU 或 GPU 图形卡。要使用设置为"硬件"的 3D 渲染器迁移虚拟机，目标主机必须具有 GPU 图形卡。

（5）从 vSphere 6.7 Update 1 及更高版本开始，vSphere vMotion 支持具有 vGPU 的虚拟机。

（6）vSphere DRS 支持在没有负载均衡支持的情况下对运行 vSphere 6.7 Update 1 或更高版本的 vGPU 虚拟机进行初始放置。

（7）可使用连接到主机上物理 USB 设备的 USB 设备迁移虚拟机。您必须使设备能够支持 vMotion。

（8）如果虚拟机使用目标主机上无法访问的设备所支持的虚拟设备，则不能使用"通过 vMotion 迁移"功能来迁移该虚拟机。例如，不能使用由源主机上物理 CD 驱动器支持的 CD 驱动器迁移虚拟机。在迁移虚拟机之前，要断开这些设备的连接。

（9）如果虚拟机使用客户端计算机上设备所支持的虚拟设备，则不能使用"通过 vMotion 迁移"功能来迁移该虚拟机。在迁移虚拟机之前，要断开这些设备的连接。

## 8.4　vMotion 的迁移过程

vMotion 的迁移过程如下。

（1）请求 vMotion 迁移时，vCenter Server 会验证虚拟机与 ESXi 主机状态是否稳定。

（2）此时，源 ESXi 主机将虚拟机内存克隆到新 ESXi 主机。

（3）源 ESXi 主机将克隆期间发生改变的内存信息记录在内存对应图上（也有人称为心电图）。

（4）当虚拟机内存数据迁移到新 ESXi 主机后，源 ESXi 主机会使虚拟机处于静止状态，此时虚拟机无法提供服务（仅 1～2s 而已），然后将内存对应图克隆到新 ESXi 主机。静止状态所需要的时间极为短暂。

（5）新 ESXi 主机再根据内存对应图恢复内存数据，完成后两台 ESXi 主机对于这台虚拟机的内存就完全一致。

（6）最后在新 ESXi 主机运行该虚拟机，并在源 ESXi 主机中删除内存数据（自动删除，无须操作）。

## 8.5　项目开发及实现

### 8.5.1　项目描述

工程师小莫认为正月十六公司虽然虚拟化的转型基本完成，业务系统也已上线且平稳运行，但是仍需要提高整个业务系统的稳定性和连续性，在某些情况下 ESXi 主机可能会发生故障或者需要对某台 ESXi 主机进行调整和升级，此时需要将故障或检修主机中处于运行状态或者关闭状态的虚拟机进行迁移的操作。

### 8.5.2　项目设计

工程师小莫决定添加一块 VMkernel 网卡,将管理流量和迁移流量进行分离,并且为了保障业务的连续性和灵活性,小莫决定在 vSphere 管理平台上为 ESXi 主机配置 vMotion 的功能,并在主机 ESXi-1、ESXi-2 和 ESXi-3 中进行冷迁移、热迁移功能的验证,确保 vMotion 功能正确配置。

系统管理员的工作任务如下。

新建集群,并将需要进行功能验证的 ESXi 主机添加到集群内,集群参数如表 8-1 所示。随后为 ESXi-1、ESXi-2、ESXi-3 添加专用于 vMotion 功能的 VMkernel 网卡,VMkernel 网卡启用的服务类型为 vMotion,3 台 ESXi 主机的 VMkernel 网卡参数分别如表 8-2、表 8-3 和表 8-4 所示。配置完成后进行冷迁移的实验,在 ESXi-1 主机上新建一台虚拟机,虚拟机数据存储位置为本地数据集,随后将虚拟机关机,将本地的存储迁移到共享 iSCSI 存储中。在 ESXi-2 主机上创建一台虚拟机,虚拟机数据存储位置为本地数据集,在保持开机状态下将虚拟机计算资源从 ESXi-2 迁移到 ESXi-3 中,迁移完成后,继续保持开机状态,将虚拟机的计算资源和存储都迁移到 ESXi-1 主机中。第 1 台虚拟机迁移参数如表 8-5 所示。第 2 台虚拟机迁移参数如表 8-6 和表 8-7 所示。

表 8-1　集群参数

| 数据中心名称 | 集群名称 | 集群成员 |
| --- | --- | --- |
| DataCenter | vMotion | ESXi-1、ESXi-2、ESXi-3 |

表 8-2　ESXi-1 对应的 VMkernel 网卡参数

| 主机名 | 标准交换机 | 物理适配器 | 网络标签 | 启用服务 |
| --- | --- | --- | --- | --- |
| ESXi-1 | vSwitch-vMotion | vmnic2 | vMotion | vMotion |
| | VLAN ID | IP 地址(静态) | 默认网关 | DNS 服务器 |
| | 0 | 172.31.3.11/24 | 172.31.3.254 | 172.31.1.253 |

表 8-3　ESXi-2 对应的 VMkernel 网卡参数

| 主机名 | 标准交换机 | 物理适配器 | 网络标签 | 启用服务 |
| --- | --- | --- | --- | --- |
| ESXi-2 | vSwitch-vMotion | vmnic2 | vMotion | vMotion |
| | VLAN ID | IP 地址(静态) | 默认网关 | DNS 服务器 |
| | 0 | 172.31.3.12/24 | 172.31.3.254 | 172.31.1.253 |

表 8-4　ESXi-3 对应的 VMkernel 网卡参数

| 主机名 | 标准交换机 | 物理适配器 | 网络标签 | 启用服务 |
| --- | --- | --- | --- | --- |
| ESXi-3 | vSwitch-vMotion | vmnic2 | vMotion | vMotion |
| | VLAN ID | IP 地址(静态) | 默认网关 | DNS 服务器 |
| | 0 | 172.31.3.13/24 | 172.31.3.254 | 172.31.1.253 |

表 8-5　第 1 台虚拟机迁移参数

| 虚拟机名称 | 原始位置 | 迁移位置 | 迁移类型 | 磁盘格式 | 状态 |
|---|---|---|---|---|---|
| DHCP | Datastore1 | iscsi-1 | 仅更改存储 | 与源格式相同 | Power Off |

表 8-6　第 2 台虚拟机热迁移参数-1

| 虚拟机名称 | 原始位置 | 迁移位置 | 迁移类型 | 迁移网络 | 状态 |
|---|---|---|---|---|---|
| vMotion-1 | ESXi-2 | ESXi-3 | 仅更改计算资源 | vMotion | Power On |

表 8-7　第 2 台虚拟机热迁移参数-2

| 虚拟机名称 | 原始位置 | 迁移位置 | 迁移类型 | 迁移网络 | 虚拟机迁移目标存储 | 状态 |
|---|---|---|---|---|---|---|
| vMotion-2 | ESXi-2 | ESXi-1 | 更改计算资源和存储 | vMotion | iscsi-2 | Power On |

## 8.5.3　项目实现

**1. 建立集群**

（1）浏览器登录 vSphere 的管理界面,如图 8-1 所示。

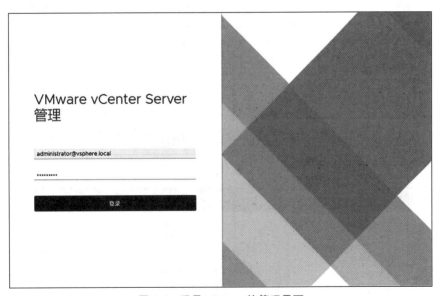

图 8-1　登录 vSphere 的管理界面

（2）在左侧导航器右击数据中心【Jan16】,从弹出的快捷菜单中选择【新建集群】选项,如图 8-2 所示。

（3）在弹出的【基础】界面中,创建名称为【vMotion】的集群,如图 8-3 所示。

（4）右击【vMotion】,从弹出的快捷菜单中选择【添加主机】选项,如图 8-4 所示。

（5）在【添加主机】界面中,单击【现有主机】,将 IP 地址为【172.31.1.1】、【172.31.1.2】和【172.31.1.3】的主机添加至集群内,如图 8-5 所示。

图 8-2　新建集群

图 8-3　新建名为【vMotion】的集群

图 8-4　添加主机

图 8-5 添加主机至 vMotion 集群内

（6）检查主机摘要，如图 8-6 所示。

图 8-6 检查主机摘要

（7）确认无误后，单击【完成】按钮，如图 8-7 所示。

（8）测试：在【导航器】中，可以看到 IP 地址为【172.31.1.1】、【172.31.1.2】和【172.31.1.3】的 ESXi 主机和附带的虚拟机已添加至集群中，如图 8-8 所示。

**2. 配置 VMkernel 网络**

（1）为 ESXi-1 配置网络。在 IP 地址为【172.31.1.1】（ESXi-1）主机的【配置】界面中，依次单击【网络】-【VMkernel 适配器】，单击【添加网络】按钮，如图 8-9 所示。

（2）在【选择连接类型】界面中，选择【VMkernel 网络适配器】，如图 8-10 所示。

（3）在【选择目标设备】界面中，选择【新建标准交换机】，如图 8-11 所示。

图 8-7　添加主机至集群的确认界面

图 8-8　主机已添加至集群

图 8-9　准备添加网络（ESXi-1）

图 8-10　选择连接类型

图 8-11　选择目标设备

（4）在【创建标准交换机】界面中，单击【分配的适配器】下的【＋】按钮，添加物理适配器【vmnic2】到【活动适配器】内，如图 8-12 和图 8-13 所示。

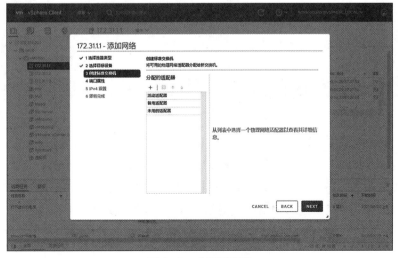

图 8-12　分配适配器

图 8-13　添加物理适配器 vmnic2

（5）在【端口属性】界面中，设置【网络标签】为【Vswitch-vMotion】，【VLAN ID】为【无(0)】，且【已启用的服务】为【vMotion】，如图 8-14 所示。

图 8-14　端口属性

（6）在【IPv4 设置】界面，选择【使用静态 IPv4 设置】，并设置 IPv4 地址为【172.31.3.11】，子网掩码为【255.255.255.0】，默认网关为【172.31.3.254】，如图 8-15 所示。

（7）在【即将完成】界面，检查无误后，单击【FINISH】按钮，如图 8-16 所示。

（8）为 ESXi-2 主机创建 VMkernel 网络。在 IP 地址为【172.31.1.2】(ESXi-2) 主机的【配置】界面中，依次选择【网络】-【VMkernel 适配器】，单击【添加网络】按钮，如图 8-17 所示。

图 8-15　IPv4 设置

图 8-16　检查配置

图 8-17　准备添加网络（ESXi-2）

（9）在【选择连接类型】界面中，选择【VMkernel 网络适配器】，如图 8-18 所示。

图 8-18　选择连接类型

（10）在【选择目标设备】界面中，选择【新建标准交换机】，如图 8-19 所示。

图 8-19　选择目标设备

（11）在【创建标准交换机】界面中，单击【分配的适配器】下的【＋】按钮，添加物理适配器【vmnic2】到【活动适配器】内，如图 8-20 所示。

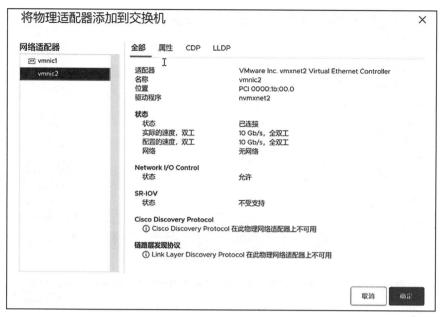

图 8-20　添加物理适配器 vmnic2

（12）在【端口属性】界面中，设置【网络标签】为【Vswitch-vMotion】，【VLAN ID】为【无（0）】，且【已启用的服务】为【vMotion】，如图 8-21 所示。

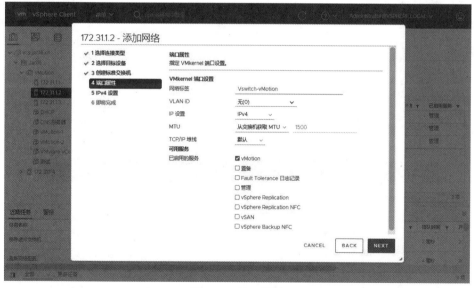

图 8-21　端口属性

（13）在【IPv4 设置】界面，选择【使用静态 IPv4 设置】，并配置 IPv4 地址为【172.31.3.12】，子网掩码为【255.255.255.0】，默认网关为【172.31.3.254】，如图 8-22 所示。

（14）在【即将完成】界面，检查无误后，单击【FINISH】按钮，如图 8-23 所示。

（15）为 ESXi-3 创建 VMKernel 网络。在 IP 地址为【172.31.1.3】（ESXi-3）主机的【配置】界面中，依次选择【网络】-【VMkernel 适配器】，单击【添加网络】按钮，如图 8-24 所示。

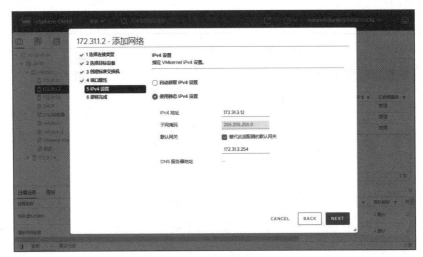

图 8-22　配置网络

图 8-23　即将完成

图 8-24　准备添加网络（ESXi-3）

（16）在【选择连接类型】界面中，选择【VMkernel 网络适配器】，如图 8-25 所示。

图 8-25　选择连接类型

（17）在【选择目标设备】界面中，选择【新建标准交换机】，如图 8-26 所示。

图 8-26　选择目标设备

（18）在【创建标准交换机】界面中，单击【分配的适配器】下的【＋】按钮，添加物理适配器【vmnic2】到【活动适配器】内，如图 8-27 所示。

（19）在【端口属性】界面中，设置【网络标签】为【Vswitch-vMotion】，【VLAN ID】为【无（0）】，且启用【vMotion】服务，如图 8-28 所示。

图 8-27　添加物理适配器 vmnic2

图 8-28　端口属性

（20）在【IPv4 设置】界面，选择【使用静态 IPv4 设置】，并配置 IPv4 地址为【172.31.3.13】，子网掩码为【255.255.255.0】，默认网关为【172.31.3.254】，如图 8-29 所示。

（21）在【即将完成】界面，检查无误后，单击【FINISH】按钮，如图 8-30 所示。

（22）测试步骤如下。

① 查看主机 ESXi-1 的网卡配置，如图 8-31 所示。

② 查看主机 ESXi-2 的网卡配置，如图 8-32 所示。

③ 查看主机 ESXi-3 的网卡配置，如图 8-33 所示。

图 8-29　配置网络

图 8-30　即将完成

图 8-31　ESXi-1 主机的网卡配置

图 8-32　ESXi-2 主机的网卡配置

图 8-33　ESXi-3 主机的网卡配置

**3. 配置 vMotion 迁移（冷迁移：仅更改存储，由本地存储迁移到网络存储）**

（1）在【vMotion】集群内，右击名为【DHCP】的虚拟机（关机状态），从弹出的快捷菜单中选择【迁移】选项，如图 8-34 所示。

（2）在【选择迁移类型】界面，选择【仅更改存储】选项，如图 8-35 所示。

（3）在【选择存储】界面，选择名为【iscsi-1】的目标存储（原存储为【datastore1】），如图 8-36 所示。

（4）在【即将完成】界面，检查无误后，单击【FINISH】按钮，如图 8-37 所示。

（5）此时处于关闭状态的虚拟机会将原虚拟机的数据迁移至新存储目录中，如图 8-38 所示。

（6）测试：存储迁移完成后，可以在该虚拟机的【数据存储】界面中，查看虚拟机配置文件存储位置从【datastore1】变为【iscsi-1】，如图 8-39 所示。

图 8-34　迁移 DHCP 虚拟机

图 8-35　选择迁移类型

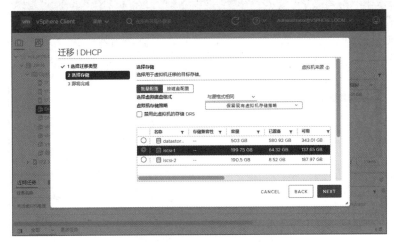

图 8-36　选择存储

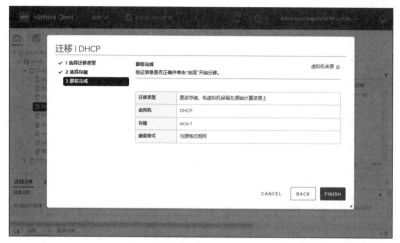

图 8-37　即将完成

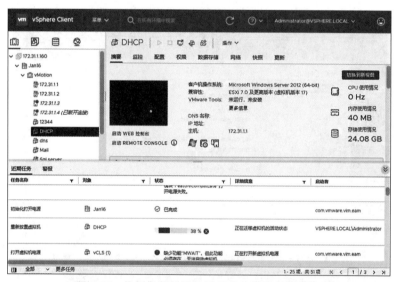

图 8-38　将原虚拟机的数据迁移至新存储目录中

图 8-39　存储位置已发生改变

**4. 配置 vMotion 迁移**（热迁移：仅更改计算资源，将虚拟机从一个 ESXi 主机热迁移到另一个 ESXi）

（1）以虚拟机 vMotion-1 为例，确认 IP 地址，如图 8-40 所示。

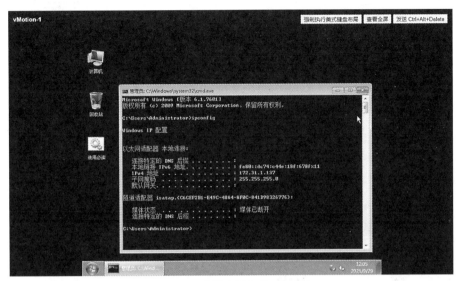

图 8-40　确认虚拟机的 IP 地址

（2）使用客户机 Ping 命令发送 ICMP 报文至虚拟机【vMotion-1】中，检查虚拟机迁移过程中的连通性，如图 8-41 所示。

图 8-41　连通性检查

（3）在【导航器】中，右击名为【vMotion-1】的虚拟机（启动状态），从弹出的快捷菜单中选择【迁移】，如图 8-42 所示。

（4）在【选择迁移类型】界面中，选择【仅更改计算资源】，如图 8-43 所示。

（5）在【选择计算资源】界面中，单击【主机】，选择 IP 地址为【172.31.1.3】的 ESXi 主机，单击【NEXT】按钮，如图 8-44 所示。

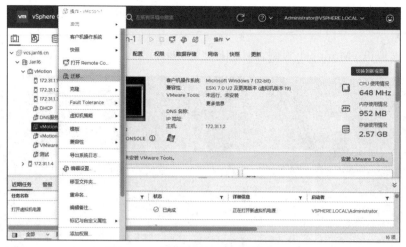

图 8-42　对虚拟机 vMotion-1 实施迁移

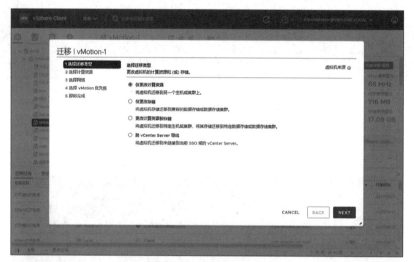

图 8-43　选择迁移类型

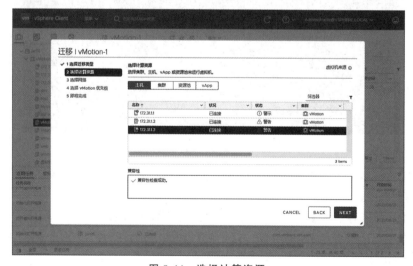

图 8-44　选择计算资源

（6）在【选择网络】界面中,选择名为【VM Network】的网络,单击【NEXT】按钮,如图 8-45 所示。

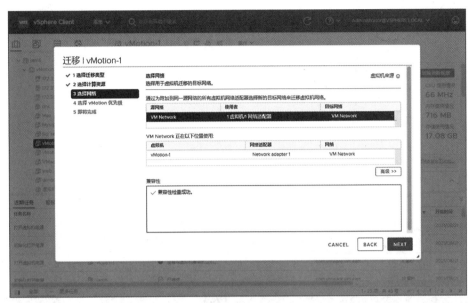

图 8-45　选择网络

（7）在【选择 vMotion 优先级】界面中,保持默认配置【安排优先级高的 vMotion（建议）】,如图 8-46 所示。

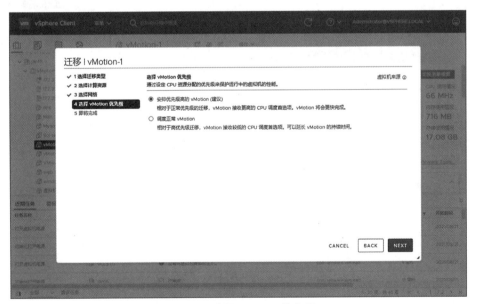

图 8-46　选择 vMotion 优先级

（8）在【即将完成】界面中,检查无误后,单击【FINISH】按钮,如图 8-47 所示。

（9）此时,VSCA 将会对该虚拟机的计算资源进行迁移操作,如图 8-48 所示。

（10）测试步骤如下。

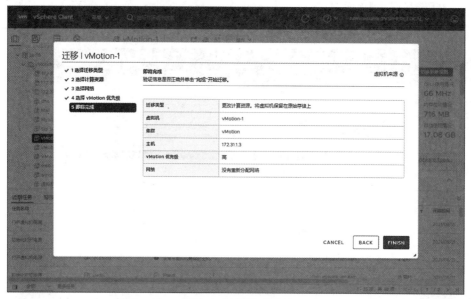

图 8-47 即将完成

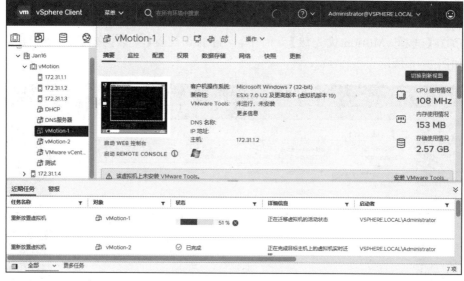

图 8-48 迁移计算资源

① 迁移过程中,在客户机上使用 Ping 命令检测虚拟机 vMotion-1 的状态,发现能正常通信,如图 8-49 所示。

② 等待热迁移操作完成后,虚拟机 vMotion-1 的主机位置将会变为 172.31.1.3,如图 8-50 所示。

**5. 配置 vMotion 迁移**(热迁移:更改计算资源和存储,将虚拟机从一个 ESXi 主机热迁移到另一个 ESXi)

(1) 查看虚拟机 vMotion-2 的 IP 地址,如图 8-51 所示。

(2) 进行客户机与虚拟机 vMotion-2 的连通性验证,如图 8-52 所示。

图 8-49 迁移过程中虚拟机能正常通信

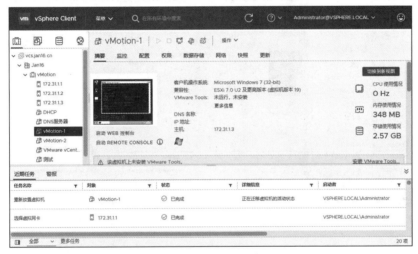

图 8-50 迁移完成后,主机位置变为 172.31.1.3

图 8-51 查看虚拟机的 IP 地址

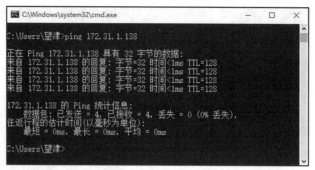

图 8-52　连通性验证

（3）在【导航器】中，右击虚拟机【vMotion-2】，从弹出的快捷菜单中选择【迁移】，如图 8-53 所示。

图 8-53　迁移虚拟机

（4）在【选择迁移类型】界面中，选择【更改计算资源和存储】，如图 8-54 所示。

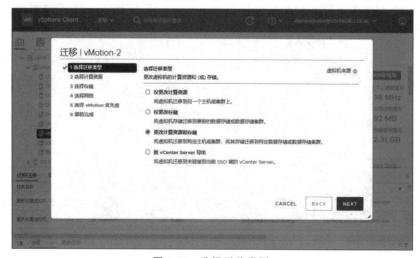

图 8-54　选择迁移类型

（5）在【选择计算资源】界面中，选择 IP 地址为【172.31.1.1】（ESXi-1）的主机，如图 8-55 所示。

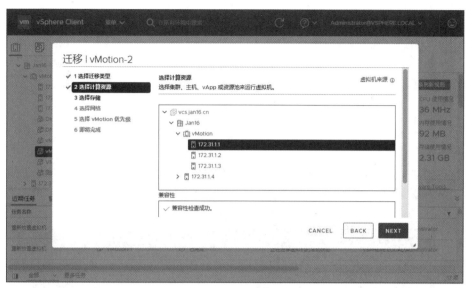

图 8-55　选择计算资源

（6）在【选择存储】界面中，选择名为【iscsi-2】的存储，其他参数保持默认配置，如图 8-56 所示。

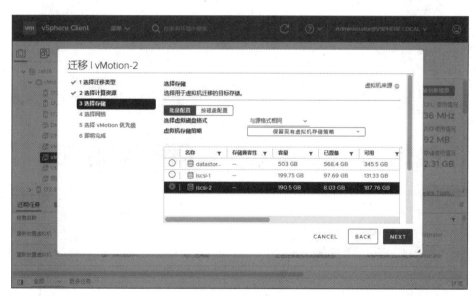

图 8-56　选择存储

（7）在【选择网络】界面中，选择【VM Network】网络，如图 8-57 所示。

（8）在【选择 vMotion 优先级】界面中，保持默认选项【安排优先级高的 vMotion（建议）】，如图 8-58 所示。

（9）在【即将完成】界面中，确认无误后，单击【FINISH】按钮，如图 8-59 所示。

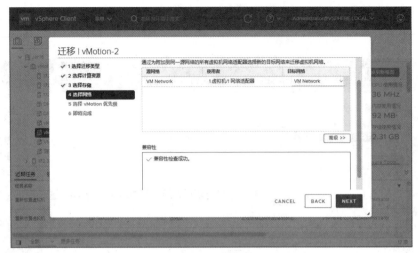

图 8-57　选择网络

图 8-58　保持默认选项

图 8-59　即将完成

（10）此时，VCSA 会开始迁移该虚拟机的计算资源和存储资源，如图 8-60 所示。

图 8-60　正在迁移虚拟机

（11）测试步骤如下。

① 迁移过程中，在客户机上使用 Ping 命令检测虚拟机 vMotion-2 的状态，发现能正常通信，如图 8-61 所示。

图 8-61　迁移过程中能正常通信

② 待迁移完成后，虚拟机 vMotion-2 的主机位置将会变为 172.31.1.1，如图 8-62 所示。

③ 与此同时，在【数据存储】界面，可以看到存储变为【iscsi-2】，如图 8-63 所示。

图 8-62　迁移完毕后，主机位置变为 172.31.1.1

图 8-63　迁移完成后，存储变为 iscsi-2

# 8.6　实验任务 1：配置 vCenter Server 高级应用——vMotion 迁移

## 8.6.1　任务简介

工程师小莫认为正月十六公司虽然虚拟化的转型基本完成，业务系统也已上线且平稳运行中，但是仍需要提高整个业务系统的稳定性和连续性，在某些情况下 ESXi 主机可能会发生故障或者需要对某台 ESXi 主机进行调整和升级，此时需要将故障或检修主机中处于运行状态或者关闭状态的虚拟机进行迁移的操作，因此工程师小莫决定添加一块

VMkernel 网卡,将管理流量和迁移流量进行分离。并且为了保障业务的连续性和灵活性,小莫决定在 vSphere 管理平台上为 ESXi 主机配置 vMotion 的功能,并在主机 ESXi-1、主机 ESXi-2 和 ESXi-3 中进行冷迁移、热迁移功能的验证,确保 vMotion 功能正确配置。

### 8.6.2　任务设计

系统管理员的工作任务如下。

新建集群,并将需要进行功能验证的 ESXi 主机添加到集群内,集群参数如表 8-1 所示。然后为 ESXi-1、ESXi-2、ESXi-3 添加专用于 vMotion 功能的 VMkernel 网卡,VMkernel 网卡启用的服务类型为 vMotion,3 台 ESXi 主机的 VMkernel 网卡参数分别如表 8-2、表 8-3 和表 8-4 所示。配置完成后进行冷迁移的实验,在 ESXi-1 主机上新建一台虚拟机,虚拟机数据存储位置为本地数据集,随后将虚拟机关机,将本地的存储迁移到共享 iSCSI 存储中。在 ESXi-2 主机上创建一台虚拟机,虚拟机数据存储位置为本地数据集,在保持开机状态下将虚拟机计算资源从 ESXi-2 迁移到 ESXi-3 中,迁移完成后,继续保持开机状态,将虚拟机的计算资源和存储都迁移到 ESXi-1 主机中。第 1 台虚拟机迁移参数如表 8-5 所示。第 2 台虚拟机迁移参数如表 8-6 和表 8-7 所示。

### 8.6.3　实验报告

完成以上内容,并完成实验报告。实验至少包含以下内容。

(1) 在 vSphere 管理界面,查看创建的集群。

(2) 查看 3 台 ESXi 主机新建的 VMkernel 网卡连接的端口组和配置 IP 与规划相同。

(3) 冷迁移任务需要查看关闭的虚拟机数据存储由本地存储成功迁移到共享存储内。

(4) 热迁移任务需要保持开机状态进行迁移,查看被迁移的虚拟机计算资源和存储资源是否按照规划成功迁移。

# 第 9 章　配置 vCenter Server 高级应用——DRS

## 9.1　DRS 简介

### 9.1.1　什么是 DRS

DRS 即分布式资源调度,用于动态调整集群中 ESX 主机负载,自动把负载较重的主机上的虚拟机通过 vMotion 迁移到负载较轻的主机上,最终达到整个集群中的主机资源消耗平衡。

vSphere DRS 将跨服务器聚合的计算能力聚合到逻辑资源池中。

vSphere DRS 根据反映业务需求和不断变化的优先级的预定义规则,在虚拟机之间分配可用资源。

vSphere DRS 帮助改善所有主机和资源池之间的资源分配,vSphere DRS 收集集群中所有主机和虚拟机的资源使用信息。

在以下两种情况下迁移虚拟机。

(1) 初始位置:当第一次启动集群中的虚拟机时,vSphere DRS 要么放置虚拟机,要么给出建议。

(2) 负载平衡:vSphere DRS 试图通过执行虚拟机的 vMotion 或提供虚拟机就迁移的建议来提高整个集群的资源使用率。

### 9.1.2　VMware DRS 运作方式

VMware DRS 允许用户自己定义规则和方案来决定虚拟机共享资源的方式以及它们之间优先权的判断根据。当一台虚拟机的工作负载增加时,VMware DRS 会根据先前定义好的分配规则对虚拟机的优先权进行评估。如果该虚拟机通过评估,那么 DRS 就为它分配额外的资源,当主机资源不足时,DRS 就会寻找集群中有多余可用资源的主机,并将这个虚拟机迁移到其上,以调用更多的资源进行其重负载业务。

DRS 分配资源的方式有两种:将虚拟机迁移到另外一台具有更多合适资源的服务器上,或者将该服务器上其他的虚拟机迁移出去,从而为该虚拟机腾出更多的"空间"。虚拟机在不同物理服务器上的实时迁移由 vMotion 实现。VMware DRS 具有自动模式和手动模式两种方式。

(1) 在自动模式中,DRS 自行进行判断,拟定虚拟机在物理服务器之间的最佳分配方案,并自动将虚拟机迁移到最合适的物理服务器上。

(2) 在手动模式中,VMware DRS 提供一套虚拟机放置的最优方案,然后由系统管理员决定是否根据该方案对虚拟机进行调整。

## 9.2　DRS 集群功能

### 9.2.1　DRS 集群

DRS 集群是一组具有共享资源和共享管理接口的 ESXi 主机及关联虚拟机。必须创建 DRS 集群，才能从集群级别资源管理中获益。DRS 是跨聚合到逻辑资源池中的硬件资源集合来动态地分配和平衡计算容量的。VMware DRS 是跨资源池不间断地监控利用率，并根据反映业务需要和不断变化的优先级的预定义规则，在多台虚拟机之间智能地分配可用资源的。当虚拟机负载增大时，VMware DRS 会通过在资源池中的物理服务器之间重新分发虚拟机来自动分配额外的资源。

DRS 可以使资源优先用于最重要的应用程序，以便让资源与业务目标协调，自动、不间断地优化硬件利用率，以响应不断变化的情况，并且为业务部门提供专用的（虚拟）基础结构，同时让 IT 部门能够集中。全面地控制硬件，能执行零停机服务器维护等。在自动模式下，DRS 将确定在不同的物理服务器之间分发虚拟机的最佳方式，并自动将虚拟机迁移到最合适的物理服务器上。在手动模式下，VMware DRS 将提供一个把虚拟机放到最佳位置的建议，并将该建议提供给系统管理员，由其决定是否进行更改。

其实 VMware DRS 主要是负载平衡集群中的 ESXi 服务器。VMware DRS 将持续监控集群内所有主机，监控虚拟机的 CPU、内存资源的分布情况和使用情况。在给出集群内资源池和虚拟机的属性、当前需求以及不平衡目标的情况下，DRS 会将这些衡量指标与理想状态下的资源利用率进行比较。然后，它会相应地执行虚拟机迁移。

其次是 vSphere 分布式电源管理（Distributed Power Management，DPM）功能。启用后，DRS 会将集群级别和主机级别容量与集群的虚拟机需求（包括近期历史需求）进行比较。如果找到足够的额外容量，DPM 会将主机置于（或建议置于）待机电源模式；或者如果需要容量，则建议打开主机电源，根据提出的主机电源状况建议，可能需要将虚拟机迁移到另外一台具有更多合适资源的服务器上，或者将该服务器上其他的虚拟机迁移出去。

### 9.2.2　vSphere DRS 集群先决条件

添加到 vSphere DRS 集群中的 VMware ESXi™主机必须满足一定的先决条件才能使用集群特性。

如果虚拟机满足 vSphere vMotion 的要求，vSphere DRS 的工作效果最好。

（1）要使用 vSphere DRS 进行负载平衡，集群中的主机必须是 vSphere vMotion 网络的一部分。

配置所有托管主机以使用共享存储：VMFS、vSAN、vSphere 虚拟卷或 NFS 数据存储。

（2）将所有虚拟机的磁盘放在可由源和目标主机访问的共享存储上。

可以创建 vSphere DRS 集群，也可以为现有的 vSphere HA 或 vSAN 集群启用 vSphere DRS。

### 9.2.3　DRS 集群的特点

DRS 集群主要有以下两个特点。

（1）全力支持新增加的 DPM。这项功能在之前的 VI3 版本是实验性的，而在 vSphere 就全面投入使用。

VMware DPM 通过平衡数据中心的工作量来减少耗能。作为 VMware DRS 的一部分，DPM 会自动切断当前不需要的服务器的电源，并在计算资源需求上升的时候，重新启动这些服务器。

当集群的利用率低时，带有 DPM 功能的 DRS 就会将工作量重新整合到少数 ESX 服务器主机上，并建议将某些暂时不需要的主机断电。当集群的工作量增加，需要更多容量的资源时，带有 DPM 功能的 DRS 就会建议重新给某些 ESX 服务器主机供电，并再一次平衡集群中正在供电的主机的工作量。DPM 还能保证所有供电主机的容量符合 VMware HA 的设置要求。

DPM 与 DRS 一样，具有自动和手动两种操作模式。只要硬件设备能够支持 DPM，同时进行了适当的配置，VMware DRS 集群在任何 ESX 服务器主机上都能使用 DPM 功能。比如，使用 VMkernel 网络的网卡（NIC）必须带有远端唤醒（Wake-on-LAN）功能。该功能主要是用于将 ESX 服务器主机从断电状态启动起来。

（2）另一个关键特点是 vApp 组。vApp 组是用来存储虚拟机，将它们当作一个独立的整体进行管理，其中当然也包括资源管理。

vApp 通过将多层应用程序压缩到一个 vApp 实体中，简化多层应用程序的部署和之后的管理工作。vApp 不但压缩虚拟机，而且还包括它们之间的依存关系和资源分配，从而可以对整个应用程序进行单步供电操作、复制、部署及监控。

当数据中心创建成功并且已经向 vCenter Server 系统添加了带有 DRS 功能的主机集群后，就可以创建一个 vApp（主要带有 DRS 功能的集群在目录中被选中）。值得注意的是，当一个 DRS 集群使用手动模式启动一个 vApp 时，DRS 不会生成虚拟机部署的建议方案。该启动操作的虚拟机分配方式就好像 DRS 正在半自动或者自动模式下运行一样。但这却不会影响 vMotion 的建议。

## 9.3 项目开发及实现

### 9.3.1 项目描述

工程师小莫在 vMotion 的迁移网络搭建完成后，决定加入分布式资源调度（DRS）的功能，这样在某台 ESXi 主机资源负载较重的情况下不引起虚拟机停机和网络中断的前提下快速执行迁移操作，让迁移和调度相结合，能够提高虚拟化集群的稳定性和可控性，尽量减少虚拟机之间的资源争抢。

### 9.3.2 项目设计

小莫规划开启集群 DRS 功能，并且设置 3 个不同的自动化级别，分别为手动、半自动和全自动，测试哪种调度级别最适合当前的生产环境，将测试阈值修改为激进查看调度效果，最后添加虚拟机的亲和性规则，规定虚拟机 PC-1 和虚拟机 PC-4 需要在同一台主机上运行，PC-2 和 PC-3 必须要在不同的主机上运行。在前面的项目内，已将 4 台测试虚拟机加入到共享存储中。DRS 集群拓扑如图 9-1 所示。

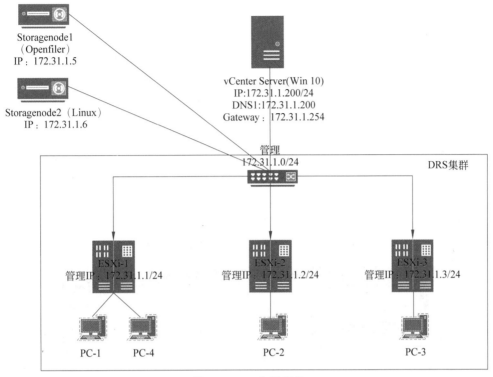

图 9-1　DRS 集群拓扑

系统管理员的工作任务如下。

管理员需要新建集群 Cluster-Jan16,并且将需要进行 DRS 调度的 ESXi 主机和虚拟机迁移到集群内。开启集群的 DRS 功能,并设置 DRS 功能相对应的参数和选项,配置亲和性规则和反亲和性规则,如表 9-1 所示。

表 9-1　亲和性规则和反亲和性规则配置表

| 集群名称 | 集群内包含主机 | 集群功能 | 自动化规则 |
| --- | --- | --- | --- |
| Cluster-Jan16 | ESXi-1、ESXi-2、ESXi-3 | DRS | 手动、半自动、全自动 |
|  | 虚拟机规则(1) | 规则所属成员 | 迁移阈值 |
|  | 集中保存虚拟机 | PC-1、PC-4 | 激进 |
|  | 虚拟机规则(2) | 规则所属成员 | 迁移阈值 |
|  | 单独的虚拟机 | PC-2、PC-3 | 激进 |

### 9.3.3　项目实现

**1. 配置 DRS**

(1) 在【导航器】中右击数据中心【Jan16】,从弹出的快捷菜单中选择【新建集群】,如图 9-2 所示。

(2) 在【新建集群】的【基础】界面,创建名为【Cluster-Jan16】的集群,并启用【vSphere

图 9-2　新建集群

DRS】功能，单击【下一页】按钮，确认无误后，单击【完成】按钮，如图 9-3 和图 9-4 所示。

图 9-3　创建名为【Cluster-Jan16】的集群

图 9-4　检查集群配置

（3）在【导航器】界面，找到【Cluster-Jan16】集群，右击选择【添加主机】。

（4）在【添加主机】界面，单击【现有主机】，将 IP 地址为【172.31.1.1】、【172.31.1.3】、【172.31.1.2】的主机添加至集群内，添加完成后单击【下一页】按钮，如图9-5所示。

图 9-5　添加现有主机

（5）在【主机摘要】界面，检查添加的主机 IP 地址是否正常，确认无误后，单击【下一页】按钮，如图9-6所示。

图 9-6　主机摘要

（6）在【即将完成】界面，确认配置无误后，单击【完成】按钮。

（7）测试步骤如下。

① 在【导航器】界面，可以看到 ESXi-1、ESXi-2 和 ESXi-3 主机以及附带的虚拟机已添加至【Cluster-Jan16】集群，如图9-7所示。

图 9-7　主机已添加到集群

② 在【Cluster-Jan16】集群的【配置】界面，单击【vSphere DRS】，可以看到 vSphere DRS 功能已打开，如图 9-8 所示。

图 9-8　DRS 功能已启动

**2. 手动 DRS**

手动 DRS 的设置步骤如下。

（1）在【导航器】界面，右击【Cluster-Jan16】集群的【配置】，找到【vSphere DRS】选项，单击右侧的【编辑】，如图 9-9 所示。

（2）在【编辑集群设置】的【自动化】界面，将【自动化级别】设定为【手动】，并将【迁移阈值】调整到【激进】，其他配置保持默认状态，单击【确定】按钮，如图 9-10 所示。

（3）在【Cluster-Jan16】集群【配置】界面，依次单击【虚拟机/主机规则】-【添加】，如图 9-11 所示。

图 9-9　集群的 DRS（1）

图 9-10　设置手动 DRS

图 9-11　添加虚拟机/主机规则（2）

（4）在【创建虚拟机/主机规则】界面，创建名为【虚拟机规则（1）】的规则，类型选择【集中保存虚拟机】，并单击【添加】按钮，如图 9-12 所示。

图 9-12　创建虚拟机/主机规则

（5）在【添加虚拟机】界面，添加名为【PC-1】和【PC-4】的虚拟机，如图 9-13 所示。

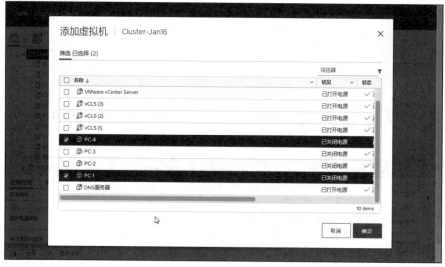

图 9-13　添加虚拟机（1）

（6）确认无误后，单击【确定】按钮，如图 9-14 所示。

（7）配置完成的亲和性规则，如图 9-15 所示。

（8）测试步骤如下。

① 在【导航器】界面，单击【Cluster-Jan16】集群的【配置】，找到【vSphere DRS】选项，可以看到 DRS 功能已经打开，模式设置为【手动】，如图 9-16 所示。

② 在【Cluster-Jan16】集群【配置】界面，单击【虚拟机/主机规则】，可以看到已经配置好的【亲和性规则】（虚拟机规则（1）），如图 9-17 所示。

图 9-14 检查规则的合规性

图 9-15 配置完成的亲和性规则

图 9-16 查看 DRS 配置状态(1)

图 9-17　配置好的规则（1）

③ 打开虚拟机【PC-1】，查看迁移提示，如图 9-18 所示。

图 9-18　打开虚拟机【PC-1】弹出的迁移提示

**3. 半自动 DRS**

半自动 DRS 的设置步骤如下。

（1）在【导航器】界面，单击【Cluster-Jan16】集群的【配置】，找到【vSphere DRS】选项，单击右侧的【编辑】，如图 9-19　所示。

（2）在【编辑集群设置】的【自动化】界面，将【自动化级别】设定为【半自动】，并将【迁移阈值】调整到【激进】，单击【确定】按钮，如图 9-20 所示。

（3）测试步骤如下。

① 在【导航器】界面，单击【Cluster-Jan16】集群的【配置】，找到【vSphere DRS】选项，可以看到 DRS 功能已经打开，模式设置为【半自动】，如图 9-21 所示。

图 9-19　修改 DRS 配置

图 9-20　设置半自动给 DRS

图 9-21　查看 DRS 配置状态

② 打开虚拟机【PC-4】，DRS 会自动将其从【ESXi-1】主机迁移至【ESXi-3】主机，如图 9-22 所示。

图 9-22　打开虚拟机【PC-4】，DRS 会自动将其从【ESXi-1】主机迁移至【ESXi-3】主机

**4. 全自动 DRS**

全自动 DRS 的设置步骤如下。

（1）在【导航器】界面，右击【Cluster-Jan16】集群的【配置】，找到【vSphere DRS】选项，单击右侧的【编辑】按钮，如图 9-23 所示。

图 9-23　集群的 DRS（2）

（2）在【编辑集群设置】的【自动化】界面，将【自动化级别】设定为【全自动】，并将【迁移阈值】调整到【激进】，单击【确定】按钮，如图 9-24 所示。

（3）在【Cluster-Jan16】集群【配置】界面，依次单击【虚拟机/主机规则】-【添加】，如图 9-25 所示。

（4）在【创建虚拟机/主机规则】界面，创建名为【虚拟机规则（2）】的规则，类型选择【单独的虚拟机】，并单击【添加】按钮，如图 9-26 所示。

图 9-24　设置全自动 DRS

图 9-25　添加虚拟机/主机规则(2)

图 9-26　创建虚拟机/主机规则

（5）在【添加虚拟机】界面，添加名为【PC-2】和【PC-3】的虚拟机，如图 9-27 所示。

图 9-27　添加虚拟机（2）

（6）确认无误后，单击【确定】按钮，如图 9-28 所示。

图 9-28　确认无误

（7）完成反亲和性规则的配置，如图 9-29 所示。

（8）测试步骤如下。

① 在【导航器】界面，单击【Cluster-Jan16】集群的【配置】，找到【vSphere DRS】选项，可以看到 DRS 功能已经打开，模式设置为【全自动】，如图 9-30 所示。

② 在【Cluster-Jan16】集群【配置】界面，单击【虚拟机/主机规则】，可以看到已经配置好的【反亲和性规则】（虚拟机规则（2）），如图 9-31 所示。

图 9-29 完成反亲和性规则的配置

图 9-30 查看 DRS 配置状态(2)

图 9-31 配置好的规则(2)

（3）打开虚拟机【PC-1】、【PC-2】、【PC-3】、【PC-4】的电源,可以看到,DRS 会自动迁移虚拟机(例如,虚拟机【PC-2】从【ESXi-2】主机迁移至【ESXi-3】主机),如图 9-32 所示。

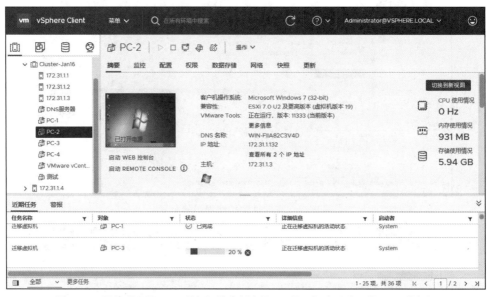

图 9-32　原先处于【ESXi-2】主机的虚拟机【PC-2】已自动迁移至【ESXi-3】主机

## 9.4　实验任务

### 9.4.1　任务简介

工程师小莫在 vMotion 的迁移网络搭建完成后,决定加入分布式调度(DRS)的功能,这样在某台 ESXi 主机资源负载较重的情况下不引起虚拟机停机和网络中断的前提下快速执行迁移操作,让迁移和调度相结合,能够提高虚拟化集群的稳定性和可控性,尽量减少虚拟机之间的资源争抢。小莫规划开启集群 DRS 功能,并且设置 3 个不同的自动化级别,分别为手动、半自动和全自动,测试哪种调度级别最适合当前的生产环境,将测试阈值修改为“激进”查看调度效果,最后添加虚拟机的亲和性规则,规定虚拟机 PC-1 和虚拟机 PC-4 需要在同一台主机上运行,PC-2 和 PC-3 必须要在不同的主机上运行。在前面的项目内,已将 4 台测试虚拟机加入共享存储中。DRS 集群拓扑如图 9-1 所示。

### 9.4.2　任务设计

系统管理员的工作任务如下。

管理员需要新建集群 Cluster-Jan16,并且将需要进行 DRS 调度的 ESXi 主机和虚拟机迁移到集群内。开启集群的 DRS 功能,并设置 DRS 功能相对应的参数和选项,配置亲和性规则和反亲和性规则,如表 9-1 所示。

### 9.4.3　实验报告

完成以上内容,并完成实验报告。实验至少包含以下内容。

(1) 在 vSphere 管理界面,可查看新建的 DRS 集群和加入集群中的 ESXi 主机和虚拟机。

(2) 查看配置的亲和性规则和反亲和性规则是否按照规划要求配置。

(3) 开启虚拟机的电源,对应不同的自动化级别,能够查看迁移提示和迁移结果。

(4) 对应开启规划内的虚拟机能查看虚拟机按照亲和性/反亲和性规则进行调度。

# 第 10 章　配置 vCenter Server 高级应用——HA

## 10.1　HA 简介

HA 的全称是 High Availability(高可用性)。VMware HA 集群一般具有一个、两个或者两个以上 ESX 主机的逻辑队列。在一个 HA 集群中,每台 VMware ESX 服务器配有一个 HA 代理,持续不断地检测集群中其他主机的心跳信号。假如某台 ESX 主机在连续 3 个时间间隔后都还没有发出心跳信号,那么该主机就被默认为发生故障或者与网络的连接出现问题。

在这种情况下,原本在该主机上运行的虚拟机就会自动被转移到集群中的其他主机上。反之,如果一台主机无法接收到来自集群的其他主机的心跳信号,那么该主机便会启动一个内部进程来检测自己跟集群中其他主机的连接是否出现问题。如果真的出现问题,那么就会中断在这台主机上所有正在运行的虚拟机,并启动预先设定好的备用主机。

此外,VMware HA 的另一个显著的特点是能够在一个集群中的多台 ESX 服务器(多达 4 台)上进行故障转移。对于一次 VMware HA 故障转移,客户端操作系统认为只是一次因硬件的崩溃而进行的重启,并不会觉察到一次有序的关机。因此,这样的修复并不会改变操作系统的状态。此外,虚拟机中任何正在进行的业务也不会丢失。即使备用 ESX 服务器主机的硬件设备跟原 ESX 服务器主机的硬件设备有所不同,客户端操作系统也不会检测到这种不同。所以,VMware HA 的故障转移对于客户来说可以算是完全透明的,几乎不会出现任何停机的危险。

### 10.1.1　HA 功能

VMware HA 利用配置为集群的多台 ESX/ESXi 主机,为虚拟机中运行的应用程序提供快速中断恢复和具有成本效益的高可用性。

VMware HA 通过以下两种方式保护应用程序可用性。

(1) 通过在集群内的其他主机上自动重新启动虚拟机,防止服务器故障。

(2) 通过持续监控虚拟机并在检测到故障时对其进行重新设置,防止应用程序故障。

VMware HA 提供基础架构并使用该基础架构保护所有工作负载。

不需要在应用程序或虚拟机内安装任何特殊软件。所有工作负载均受 VMware HA 保护。配置 VMware HA 后,不需要执行操作即可保护新虚拟机。它们会自动受到保护。

VMware HA 与 VMware DRS 结合使用,不仅可以防止故障发生,而且可以在集群内的主机之间提供负载平衡。

### 10.1.2　HA 优势

与传统的故障切换解决方案相比,VMware HA 具有多个优势。

(1) 最小化设置:设置 VMware HA 集群后,集群内的所有虚拟机无须额外配置即可获得故障切换支持。

（2）减少硬件成本和设置：虚拟机可充当应用程序的移动容器，可在主机之间移动。管理员会避免在多台计算机上进行重复配置。使用 VMware HA 时，必须拥有足够的资源来对要通过 VMware HA 保护的主机数进行故障切换。但是，vCenter Server 系统会自动管理资源并配置集群。

（3）提高应用程序的可用性：虚拟机内运行的任何应用程序的可用性变得更高。虚拟机可以从硬件故障中恢复，提高了在引导周期内启动的所有应用程序的可用性，而且没有额外的计算需求，即使该应用程序本身不是集群应用程序也一样。通过监控和响应 VMware Tools 检测信号并重置未响应的虚拟机，还可防止客户机操作系统崩溃。

（4）DRS 和 vMotion 集成：如果主机发生故障，并且在其他主机上重新启动虚拟机，则 DRS 会提出迁移建议或迁移虚拟机以平衡资源分配。如果迁移的源主机和目标主机中的一台或者两台发生故障，则 VMware HA 会帮助其从该故障中恢复。

### 10.1.3　VMware HA 集群

VMware HA 在 ESX/ESXi 主机集群的环境中运行。必须创建一个集群，然后用主机填充该集群，并在建立故障切换保护之前配置 VMware HA 设置。创建 VMware HA 集群时，必须配置许多可决定功能如何运行的设置。在此之前，首先确定集群的节点。它们是为支持虚拟机而提供资源，而且将由 VMware HA 用于故障切换保护的 ESX/ESXi 主机。然后应当确定如何互相连接这些节点，以及如何将这些节点连接到虚拟机数据所驻留的共享存储器。在建立好网络架构后，可以将主机添加到集群并完成 VMware HA 配置。

创建 VMware HA 集群的前提条件如下。

（1）所有虚拟机及其配置文件必须驻留在共享存储器上。

（2）VMware HA 集群内的每台主机必须分配主机名称，并且具有与每个虚拟网卡相关联的静态 IP 地址。

（3）主机必须配置为具有虚拟机网络的访问权限。

（4）VMware 建议为 VMware HA 设置冗余网络连接。

## 10.2　HA 的工作方式

VMware HA 可以将虚拟机及其所驻留的主机集中在集群内，从而为虚拟机提供高可用性。集群中的主机均会受到监控，如果发生故障，故障主机上的虚拟机将在备用主机上重新启动。

#### 1. VMware HA 集群中的首选主机和辅助主机

在将主机添加到 VMware HA 集群时，代理将上载到主机，并配置为与集群内的其他代理通信。添加到集群的前 5 台主机将指定为首选主机，随后的所有主机将指定为辅助主机。首选主机维护和复制所有集群状况，并用于启动故障切换操作。如果从集群内移除某台首选主机，则 VMware HA 会将另一台主机提升为首选状态。

加入集群的任何主机必须与现有首选主机通信以完成其配置（当您正在将第一台主机添加到集群时除外）。必须至少有一台首选主机运行正常，以便 VMware HA 正确进行操作。如果所有首选主机均不可用（即不响应），则无法为 VMware HA 成功配置任何主机。如果活动首选主机发生故障，则另一台首选主机会将其替换。

**2. 故障检测和主机网络隔离**

代理会相互通信，并监控集群内各台主机的活跃度。默认情况下，此操作通过每秒交换一次检测信号来完成。如果 15s 过去后仍未收到检测信号，而且 ping 不到该主机，则系统会声明该主机发生故障。如果主机发生故障，则将对该主机上运行的虚拟机进行故障切换，即在具有最多可用未预留的容量（CPU 和内存）的备用主机上重新启动。

主机网络隔离在主机仍在运行但已经无法再与集群内的其他主机通信时发生。在默认设置中，如果主机停止接收集群内所有其他主机的检测信号的时间超过 12s，则将尝试 ping 其隔离地址。如果仍然失败，主机将声明自己已与网络隔离。

如果在 15s 或更长时间内隔离主机的网络连接仍未恢复，则集群内的其他主机将认为该主机发生故障，并会尝试故障切换其虚拟机。但是，如果隔离主机保留对共享存储器的访问权限，则它也会保留虚拟机文件上的磁盘锁。为避免潜在的数据损坏，VMFS 磁盘锁定会阻止对虚拟机磁盘文件同时进行写操作，并尝试故障切换隔离主机的虚拟机故障。默认情况下，隔离主机会保持其虚拟机为启动状态，但您可以更改主机对"虚拟机关机"或"关闭虚拟机"的隔离响应。参见虚拟机选项。

**3. 虚拟机选项**

虚拟机重新启动优先级，确定主机发生故障后虚拟机的重新启动相对顺序。这些虚拟机在新主机上按顺序重新启动，首先启动优先级最高的虚拟机，然后是那些低优先级的虚拟机，直到重新启动所有虚拟机或者没有更多的可用集群资源为止。如果主机故障数目或重新启动的虚拟机数目超过接入控制所允许的数目，则系统可能会等到有更多资源可用时再重新启动优先级较低的虚拟机。VMware 建议为提供最重要服务的虚拟机分配较高的重新启动优先级。

**4. 主机隔离响应**

主机隔离响应确定当 VMware HA 集群内的主机失去其服务控制台网络（在 ESXi 中为 VMkernel 网络）连接但仍在运行时将发生的情况。主机隔离响应要求启用"主机监控状态"。如果"主机监控状态"处于禁用状态，则主机隔离响应将同样被挂起。当某个主机停止接收所有其他主机的检测信号而且通过 ping 操作无法获得其隔离地址时，可以确定该主机已被隔离。发生这种情况时，主机会执行其隔离响应。响应包括保持启动、关闭电源和关机。还可以为各个虚拟机自定义此属性。要使用"关机"设置，必须在虚拟机的客户机操作系统中安装 VMware Tools。将虚拟机关机的优点在于可以保留其状况。此操作优于关闭操作，关闭操作不会将最近的更改刷新到磁盘中，也不会提交事务。在关机完成时，已关机的虚拟机需要更长时间进行故障切换。未在 300s 内或在高级属性 das.isolationShutdownTimeout 中指定的秒数内关机的虚拟机将被关闭。

注意，创建 VMware HA 集群后，可以替代特定虚拟机的"重新启动优先级"和"隔离响应"的默认集群设置。此替代操作对于用于特殊任务的虚拟机很有帮助。例如，可能需要先启动提供基础架构服务（如 DNS 或 DHCP）的虚拟机，再启动集群内的其他虚拟机。

**5. 结合使用 VMware HA 和 DRS**

结合使用 VMware HA 和 DRS 可将自动故障切换与负载平衡结合起来。这种结合可在 VMware HA 将虚拟机移至其他主机后更快再平衡虚拟机。

VMware HA 执行故障切换并在其他主机上重新启动虚拟机时,首要任务就是使所有的虚拟机立即可用。重新启动虚拟机后,启动这些虚拟机的主机可能会负载过重,而其他主机则相对负载较轻。VMware HA 将使用 CPU 和内存预留来确定故障切换,而实际使用情况可能会更高。

在结合使用 DRS 和 VMware HA 并且启用了接入控制的集群内,可能不会从正在进入维护模式的主机上撤出虚拟机。这是由于预留用于维护故障切换级别的资源造成的。必须使用 vMotion 将虚拟机手动迁出主机。

## 10.3　项目开发及实现

### 10.3.1　项目描述

工程师小莫观察到有一台主机上运行业务需要被外部流量访问,但是没有其他的负载均衡措施,经常由于并发量过大,使得主机宕机,导致业务系统中断,为了解决该问题,工程师小莫决定启用集群的 HA 功能,保证服务的稳定性,当这台为外部提供服务的主机发生故障,其上运行的各类服务虚拟机能够自动在其他正常运行的主机上重新启动。虚拟机在重启完成之后可以继续提供服务,从而最大限度地保证服务不中断,提高用户体验。

### 10.3.2　项目设计

在 HA 集群配置完成后,工程师小莫将模拟主机掉线的情况,从而对高可用集群的可靠性和稳定性进行观察。HA 集群的拓扑图如图 10-1 所示,3 台主机上的虚拟机存储文件和计算资源已经挂载到共享的 iSCSI 存储内,并且 3 台 ESXi 主机已经配置了存储冗余。

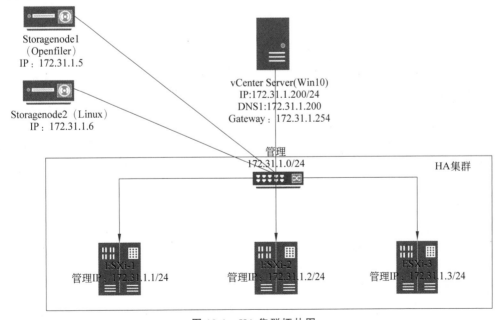

图 10-1　HA 集群拓扑图

管理员需要新建集群 Cluster-HA，并且将需要进行高可用主机和虚拟机迁移到集群内。开启集群的 HA 功能，并设置相对应的 HA 参数和选项。HA 集群的参数如表 10-1 所示。在完成配置后，将任意一台主机进入维护模式，查看运行在该主机内的虚拟机是否仍然正常运行。

表 10-1　HA 集群参数

| 集群名称 | 集群成员 | 集群功能 | 主机监控 | 主机故障响应 |
|---|---|---|---|---|
| Cluster-HA | ESXi-1、ESXi-2、ESXi-3 | HA | 开启 | 重新启动虚拟机 |
| | 检测信号数据存储 | 虚拟机重新启动默认优先级 | 故障响应 | 集群允许的主机故障数目 |
| | 使用指定列表中的数据存储并根据需要自动补充 iscsi-2(1) | 高 | 重新启动虚拟机 | 1 |

### 10.3.3　项目实现

**1. 配置 HA 集群**

（1）在导航器中右击数据中心【Jan16】，从弹出的快捷菜单中选择【新建集群】，如图 10-2 所示。

图 10-2　新建集群

（2）在【基础】界面中，创建名为【Cluster-HA】的集群，并启用【vSphere HA】，如图 10-3 所示。

（3）右击【Cluster-HA】集群，单击【添加主机】。

（4）在【添加主机】界面中，单击【现有主机】，将 IP 地址为【172.31.1.1】、【172.31.1.2】和【172.31.1.3】的主机添加至【Cluster-HA】集群内，如图 10-4 所示。

（5）在【主机摘要】界面，检查添加的主机 IP 地址是否正确，确认无误后，单击【下一页】按钮，如图 10-5 所示。

图 10-3　新建名为【Cluster-HA】的集群

图 10-4　添加主机

图 10-5　主机摘要

（6）在【即将完成】界面，确认配置无误后，单击【完成】按钮。

（7）在导航器界面，单击【Cluster-HA】集群的【配置】，找到【vSphere 可用性】选项，单击【vSphere HA】右侧的【编辑】按钮，如图 10-6 所示。

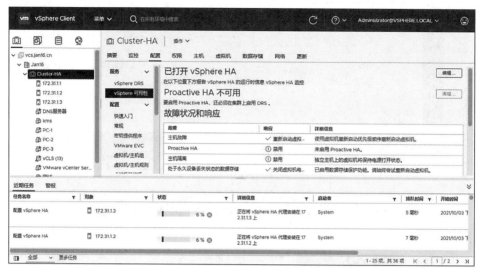

图 10-6　Cluster-HA

（8）在【编辑集群设置】的【故障和响应】界面，依次启用【vSphere HA】-【启用主机监控】，并将【主机故障响应】设置为【重新启动虚拟机】，其他选项保持默认配置，如图 10-7 所示。

图 10-7　编辑集群设置

（9）在【编辑集群设置】的【故障和响应】界面，单击【主机故障响应】左侧的小箭头，将【虚拟机重新启动默认优先级】设置为【高】，其他选项保持默认配置，如图 10-8 所示。

（10）在【编辑集群设置】的【准入控制】界面，设置【集群允许的主机故障数目】为【1】，其他选项保持默认配置，如图 10-9 所示。

图 10-8　配置主机故障响应

图 10-9　设置故障主机的数目

（11）在【编辑集群设置】的【检测信号数据存储】界面，设置【检测信号数据存储选择策略】为【使用指定列表中的数据存储并根据需要自动补充】，并勾选【iscsi-2（1）】为【可用检测信号数据存储】，如图 10-10 所示。

（12）检查配置无误后，单击【确定】按钮，HA 配置完成。

（13）测试步骤如下。

① 在【导航器】中，可以看到 IP 地址为【172.31.1.1】、【172.31.1.2】和【172.31.1.3】的 ESXi 主机已添加至【Cluster-HA】集群中，如图 10-11 所示。

② 在【导航器】界面，单击【Cluster-HA】集群的【配置】，找到【vSphere 可用性】选项，可以看到【vSphere HA】已经启用，如图 10-12 所示。

③ 在【vSphere 可用性】界面，可以看到【iscsi-2（1）】已作为【用于检测信号的数据存储】，如图 10-13 所示。

图 10-10　设置检测信号数据存储

图 10-11　主机已添加至集群

图 10-12　vSphere HA 已启用

图 10-13 【iscsi-2(1)】已作为【用于检测信号的数据存储】

④ 查看 ESXi-1、ESXi-2、ESXi-3 主机的 HA 角色,可以查看到已经选举完成,【172.31.1.1】主机成为【辅助角色】(见图 10-14),【172.31.1.2】主机成为【主角色】(见图 10-15),【172.31.1.3】主机成为【辅助角色】(见图 10-16)。

图 10-14 【172.31.1.1】主机的 HA 角色为辅助

图 10-15 【172.31.1.2】主机的 HA 角色为主

图 10-16 【172.31.1.3】主机的 HA 角色为辅助

## 2. 模拟主机故障

（1）以虚拟机【PC-3】为例，确认 IP 地址，如图 10-17 所示。

图 10-17 确认虚拟机的 IP 地址

（2）【客户机】打开【命令提示符】，使用命令【ping 172.31.1.133】检查虚拟机【PC-3】对外的连通性，如图 10-18 所示。

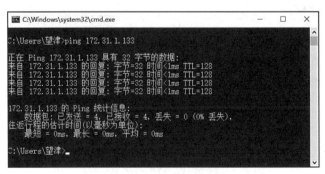

图 10-18 连通性检查

（3）在【导航器】界面，查看虚拟机【PC-3】的运行位置，如图 10-19 所示。

图 10-19　查看 PC-3 运行位置

（4）在【导航器】界面，右击【172.31.1.3】主机，从弹出的快捷菜单中选择【电源】-【关机】
选项，如图 10-20 所示。

图 10-20　为【172.31.1.3】主机进行关机操作

（5）测试步骤如下。

① 关闭【172.31.1.3】主机的电源后，可以发现正常连通的虚拟机出现【请求超时】提示，
如图 10-21 所示。

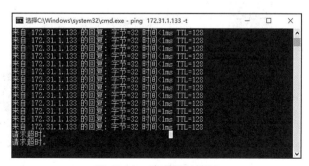

图 10-21　请求超时提示

② 此时【172.31.1.3】主机仍处于关闭状态,如图 10-22 所示。

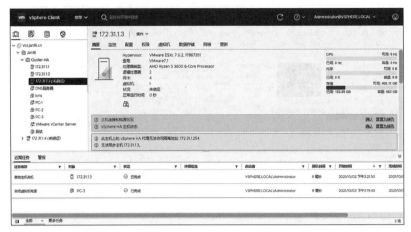

图 10-22 【172.31.1.3】主机处于关闭状态

③ 观察在【172.31.1.3】主机上运行的虚拟机【PC-3】,发现虚拟机的存储位置发生改变(见图 10-23),并且进行重启操作,如图 10-24 所示。

图 10-23 存储位置发生改变

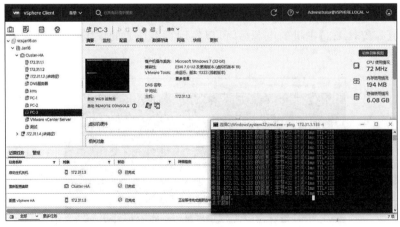

图 10-24 正在重启虚拟机【PC-3】

④ 等待虚拟机重启完成后，发现虚拟机可以正常连通，如图 10-25 所示。

图 10-25　虚拟机【PC-3】重启完毕后，能正常连通

## 10.4　实验任务

### 10.4.1　任务简介

工程师小莫观察到有一台主机上运行业务需要被外部流量访问，但是没有其他的负载均衡措施，经常由于并发量过大，使得主机死机，导致业务系统中断。为了解决该问题，工程师小莫决定启用集群的 HA 功能，保证服务的稳定性，当这台为外部提供服务的主机发生故障，其上运行的各类服务虚拟机能够自动在其他正常运行的主机上重新启动。虚拟机在重启完成之后可以继续提供服务，从而最大限度地保证服务不中断，提高用户体验。在 HA 集群配置完成后，工程师小莫将模拟主机掉线的情况，从而对高可用集群的可靠性和稳定性进行观察。HA 集群的拓扑图如图 10-1 所示，3 台主机上的虚拟机存储文件和计算资源已经挂载到共享的 iSCSI 存储内，并且 3 台 ESXi 主机已经配置了存储冗余。

### 10.4.2　任务设计

管理员需要新建集群 Cluster-HA，并且需要将高可用主机和虚拟机迁移到集群内。开启集群的 HA 功能，并设置相应的 HA 参数和选项。HA 集群的参数如表 10-1 所示。完成配置后，使任意一台主机进入维护模式，查看运行在该主机内的虚拟机是否仍然正常运行。

### 10.4.3　实验报告

完成以上内容，并完成实验报告。实验至少包含以下内容。

（1）在 vSphere 管理界面上查看到 HA 集群配置完成，并且对应的 3 台主机加入到集群中。

（2）在 vSphere 管理界面查看到 vSphere HA 状况，ESXi 主机应有对应的两种角色，分别是主机和从属。

（3）将任意一台 ESXi 主机关机，在该 ESXi 上的虚拟机应该迁移到其他正常运行的 ESXi 主机内保持正常运行的状态。

# 第 11 章　配置 vCenter Server 高级应用——FT

## 11.1　VMware FT 简介

VMware Fault Tolerance(FT)功能创建一个虚拟机设置可以提供连续性能力。FT 建立在 ESX/ESXi 主机平台。通过创建一个与虚拟机完全相同的副本。

虚拟机的主要副本,处于活动状态,接受请求,服务信息,并运行程序。次要副本,接收与主要副本相同的输入。次要副本完成的所有任务都依照主要副本的变动。主要副本所有非决定性的活动都将被捕捉,发送到运行在其他主机上的次要副本,次要副本在 1s 内将活动进行重演。

FT 启动后,VM Tools 从每个虚拟机中发送心跳到 VMM,此心跳与 HA 的心跳类似。VMM 检查以确保主要和次要副本都在运行。如果主要副本所在的主机丢失,VMM 将不再发送心跳。此时,次要副本立刻变为活动的,并成为主要副本,服务不会经历任何中断。

FT 提供了比 HA 更高的商业连续性级别。FT 发生时,次要副本立刻被激活,所有关于虚拟机状态的信息都会被完整地保留。存储在内存中的数据不需要被 re-entered(重新输入)或 reloaded(重新加载)。而 HA 则要将任何丢失的虚拟机进行重启。这会结束所有虚拟机进程和状态信息,程序和未保存的用户输入信息都会丢失。

### 11.1.1　VMware FT 提供连续可用性

VMware HA 通过在主机出现故障时重新启动虚拟机来为虚拟机提供基本级别的保护。VMware FT 可提供更高级别的可用性,允许用户对任何虚拟机进行保护以防止主机发生数据、事务或连接丢失等故障。

FT 使用 ESX/ESXi 主机平台上的 VMware vLockstep 技术以提供连续可用性。通过确保主虚拟机和辅助虚拟机的状态在虚拟机的指令执行的任何时间点均相同来完成此过程。vLockstep 通过使主虚拟机和辅助虚拟机执行相同顺序的 x86 指令来完成此过程。主虚拟机捕获所有输入和事件——从处理器到虚拟 I/O 设备,并在辅助虚拟机上进行重放。辅助虚拟机执行与主虚拟机同一系列的指令,而仅可看到单个虚拟机映像(主虚拟机)在执行工作负载。

如果运行主虚拟机的主机或运行辅助虚拟机的主机发生故障,则会发生透明故障切换,仍在无缝工作的主机将借此变为主虚拟机的主机。使用透明故障切换,不会有数据损失,并且可以维护网络连接。在发生透明故障切换之后,将自动重新生成新的辅助虚拟机,并将重新建立冗余。整个过程是透明且全自动的,并且即使 vCenter Server 不可用,也会发生。

### 11.1.2　VMware FT 的工作方式

VMware FT 可通过创建和维护等同于主虚拟机并可在发生故障切换时替换主虚拟机的辅助虚拟机来为虚拟机提供连续可用性。

可以为大多数任务关键虚拟机启用容错,并会创建一个重复虚拟机(称为辅助虚拟机),该虚拟机会以虚拟锁步方式随主虚拟机一起运行。VMware vLockstep 可捕获主虚拟机上发生的输入和事件,并将这些输入和事件发送到正在另一主机上运行的辅助虚拟机。使用此信息,辅助虚拟机的执行将等同于主虚拟机的执行。因为辅助虚拟机与主虚拟机一起以虚拟锁步方式运行,所以它可以无中断地接管任何点处的执行,从而提供 FT 保护。

虚拟机和辅助虚拟机可持续交换检测信号。这使得虚拟机对中的虚拟机能够监控彼此的状态,以确保持续提供 FT 保护。如果运行主虚拟机的主机发生故障,系统将会执行透明故障切换,此时会立即启用辅助虚拟机以替换主虚拟机,并将启动新的辅助虚拟机,同时在几秒内重新建立 FT 冗余。如果运行辅助虚拟机的主机发生故障,则该主机也会立即被替换。在任何情况下,用户都不会遭遇服务中断和数据丢失的情况。

FT 虚拟机及其辅助副本不允许在相同主机上运行。FT 功能使用反关联性规则,这些规则可确保 FT 虚拟机的两个实例永远不会在同一主机上。这可确保主机故障无法导致两个虚拟机都缺失。

FT 可避免"裂脑"情况的发生,此情况可能会导致虚拟机在从故障中恢复后存在两个活动副本。共享存储器上锁定的原子文件用于协调故障切换,以便只有一端可作为主虚拟机继续运行,并由系统自动重新生成新辅助虚拟机。

# 11.2　FT 互操作性

**1. FT 不支持的 vSphere 功能**

(1) 快照。

(2) Storage vMotion。

(3) 链接克隆。

(4) 虚拟机组件保护(VMCP)。

(5) 虚拟卷数据存储。

(6) 基于存储的策略管理。

(7) I/O 筛选器。

**2. 与 FT 不兼容的功能和设备**

(1) 物理裸磁盘映射(RDM)。

(2) 由物理或远程设备支持的 CD-ROM 或虚拟软盘设备。

(3) USB 和声音设备。

(4) 网卡直通(NIC passthrough)。

(5) 热插拔设备。

(6) 串行或并行端口。

(7) 启用了 3D 的视频设备。

(8) 虚拟 EFI 固件。

(9) 虚拟机通信接口(VMCI)。

**3. 将 FT 功能与 DRS 配合使用**

仅当启用 EVC(增强型 vMotion 兼容性)功能时,才可将 vSphere FT 与 DRS 配合使用,这将使 FT 虚拟机受益于更好的初始放置位置。

## 11.3 配置 FT 条件

**1. vSphere FT 的网络要求**

(1) 运行容错虚拟机的每台主机上必须配置两个不同的网络交换机,分别用于 vMotion 流量和 FT 日志记录流量。

(2) 每台主机建议最少使用两个物理网卡,一个网卡专门用于 FT 日志记录,另一个则专门用于 vMotion。

(3) 使用专用的 10Gb 网络用于 FT 日志记录,并确认网络滞后时间非常短。

**2. vSphere FT 的集群要求**

(1) 创建 vSphere HA 集群并启用 HA 功能。

(2) 为确保冗余和最大程度的 FT 保护,集群中应至少有 3 台主机。

(3) vSphere FT 的主机要求如下。

① 主机必须使用受支持的 CPU。

② 主机必须获得 FT 的许可。

③ 主机必须已通过 FT 认证。

④ 配置每台主机时都必须在 BIOS 中启用硬件虚拟化(HV)。

**3. vSphere FT 的虚拟机要求**

(1) 没有不受支持的设备连接到虚拟机。

(2) 不兼容的 vSphere 功能一定不能与 FT 虚拟机一起运行。

(3) 虚拟机文件(VMDK 文件除外)必须存储在共享存储中。

(4) 开启 FT 功能后,FT 虚拟机的预留内存设置为虚拟机的内存大小。

**4. vSphere FT 的限制**

(1) 没有不受支持的设备连接到虚拟机。

(2) 不兼容的 vSphere 功能一定不能与 FT 虚拟机一起运行。

(3) 集群中的主机上允许的最大 FT 虚拟机(包括主虚拟机和辅助虚拟机)数量默认值为 4;跨主机上所有 FT 虚拟机聚合的最大 vCPU 数量默认值为 8。

(4) 单个 FT 虚拟机支持的 vCPU 数量 vSphere Standard 和 Enterprise 最多允许 2 个,而 vSphere Enterprise Plus 最多允许 4 个。

(5) 每个 FT 虚拟机最多使用 16 个虚拟磁盘。

## 11.4 项目开发及实现

### 11.4.1 项目描述

工程师小莫完成 HA 集群的搭建后,领导希望获得比 HA 功能更高的可用性和数据保护,从而保障业务 7×24 小时在线,因此小莫决定为提供域名解析服务的虚拟机启用 FT 功能,FT 服务开启后会生成主要虚拟机和辅助虚拟机,如果运行 DNS 服务的虚拟机的主要虚拟机发生故障,则会发生及时且透明的故障切换,使用服务的用户也会对故障切换无感知。

## 11.4.2　项目设计

正常运行的辅助虚拟机将无缝变成虚拟机的主要虚拟机,并且不会断开网络连接或中断正在处理的事务。使用透明故障切换,可以维护网络连接。进行透明故障切换后将重新生成新的辅助虚拟机,并重新建立冗余。

系统管理员的工作任务如下。

FT 功能的实现需要较多的先决条件,因此工程师小莫向公司申请了 4 张千兆的网卡分别添加到 ESXi-1 和 ESXi-2 的主机中,用于实现 vMotion 的网络和 FT 日志流量的负载,VMkernel 网卡参数如表 11-1 所示,随后申请了两块 iSCSI 磁盘,为 ESXi-1 和 ESXi-2 主机搭建共享存储,磁盘大小和参数如表 11-2 所示。并且由于 vSphere 版本的限制,装有 Win7 或 Win2003 的虚拟机需要删除 USB 2.0 的接口,虚拟机参数如表 11-3 所示。随后打开 FT 功能,将主虚拟机放置在 ESXi-2 主机上,辅助虚拟机放置在 ESXi-1 主机上。FT 功能参数如表 11-4 所示。

表 11-1　VMkernel 网卡参数

| 主机名称 | VMkernel 名称 | 虚拟交换机名称 | 端口组名称 | 网卡 IPv4 地址 | 服务 |
|---|---|---|---|---|---|
| ESXi-2 | vMotion-1 | vMotion-sw1 | VMM | 172.31.2.11 | vMotion |
| | FT-1 | FT-sw1 | FTM | 172.31.2.22 | FT 日志管理 |
| ESXi-3 | vMotion-2 | vMotion-sw2 | VMM | 172.31.2.33 | vMotion |
| | FT-2 | FT-sw2 | FTM | 172.31.2.44 | FT 日志管理 |

表 11-2　磁盘大小和参数

| iSCSI 服务器地址 | 挂载主机 | 主机对应 IQN | 数据存储名称 | 磁盘大小 | iSCSI 名称(IQN) |
|---|---|---|---|---|---|
| 172.16.0.120:3260 | ESXi-2 | iqn.2021-09.com.jan16:first | iSCSI-1 | 100GB | iqn.2021-07.com.jan16:stroge1 |
| | ESXi-2 | iqn.2021-09.com.jan16:first | iSCSI-2 | 100GB | iqn.2021-07.com.jan16:stroge2 |
| 172.16.0.120:3260 | ESXi-3 | iqn.2021-09.com.jan16:second | iSCSI-1 | 100GB | iqn.2021-07.com.jan16:stroge1 |
| | ESXi-3 | iqn.2021-09.com.jan16:second | iSCSI-2 | 100GB | iqn.2021-07.com.jan16:stroge2 |

表 11-3　虚拟机参数

| 虚拟机名称 | CPU | 磁盘 | 内存 | 存储位置 | VMware Tools | 硬件虚拟化 |
|---|---|---|---|---|---|---|
| DNSServer | 1 | 40GB | 1GB | iscsi-1(2) | 开启 | 开启 |

表 11-4　FT 功能参数

| 虚拟机 | FT 功能 | 主虚拟机存储位置 | 辅助虚拟机存储位置 | 数据存储 |
|---|---|---|---|---|
| DNSServer | 开启 | ESXi-2 | ESXi-3 | iscsi-2(1) |

### 11.4.3 项目实现

**1. 开启 FT 功能**

（1）在【导航器】界面，单击【172.31.1.2】主机的【配置】，找到【VMkernel 适配器】选项，在【已启用服务】列表检查是否启用【Fault Tolerance 日志记录】，如图 11-1 所示。

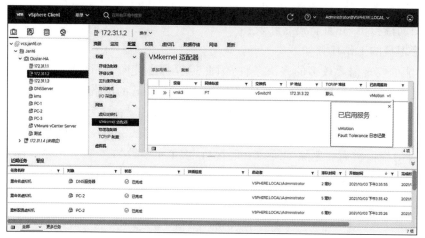

图 11-1 检查主机【172.31.1.2】的网络是否启用 FT 支持

（2）在【导航器】界面，单击【172.31.1.3】主机的【配置】，找到【VMkernel 适配器】选项，在【已启用服务】列表检查是否启用【Fault Tolerance 日志记录】，如图 11-2 所示。

图 11-2 检查主机【172.31.1.3】的网络是否启用 FT 支持

（3）在【Cluster-HA】集群中，右击虚拟机【DNSServer】，从弹出的快捷菜单中选择【Fault Tolerance】-【打开 Fault Tolerance】选项，如图 11-3 所示。

（4）在【打开 Fault Tolerance】的【选择数据存储】界面，单击【按磁盘配置】，如图 11-4 所示。

（5）在【打开 Fault Tolerance】的【选择主机】界面，选择【172.31.1.3】（ESXi-3）主机，作为辅助虚拟机的存放位置，如图 11-5 所示。

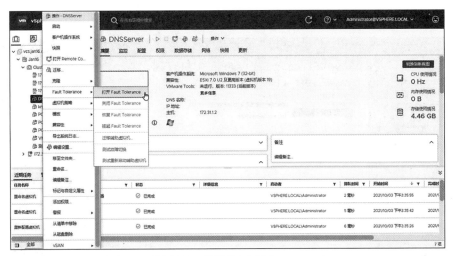

图 11-3　打开 Fault Tolerance

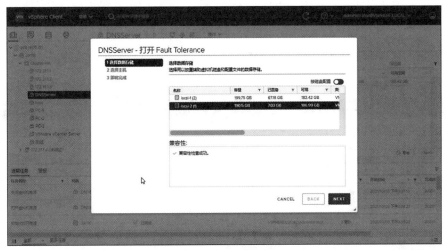

图 11-4　选择数据存储

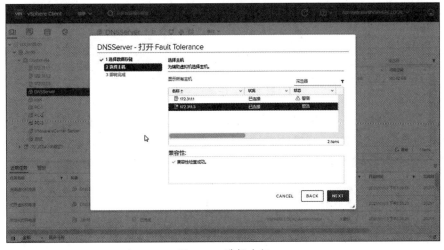

图 11-5　选择主机

（6）在【即将完成】界面，确认配置无误后，单击【FINISH】按钮，如图 11-6 所示。

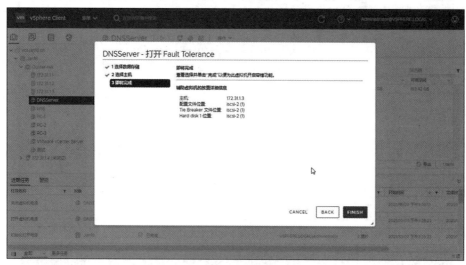

图 11-6　即将完成

（7）在下方【近期任务】界面，观察到【任务名称】为【打开 Fault Tolerance】的任务已经完成，如图 11-7 所示。

图 11-7　任务已完成

（8）在【导航器】界面选中【DNSServer】虚拟机并右击，依次单击【启动】-【打开电源】；在底部的【近期任务】列表会显示【启动 Fault Tolerance 辅助虚拟机】的任务，如图 11-8 所示。

（9）稍等片刻后，虚拟机【DNSServer】启动就绪，其虚拟机状态如图 11-9 所示。

（10）测试步骤如下。

① 在【Cluster-HA】集群中，依次单击主机【172.31.1.3】-【虚拟机】，可以看到虚拟机【DNSServer（辅助）】，如图 11-10 所示。

② 在【Cluster-HA】集群中，单击虚拟机【DNSServer（主）】，可以看到【主机】的 IP 地址指向【172.31.1.2】（ESXi-2），如图 11-11 所示。

图 11-8　打开虚拟机 DNSServer 的电源

图 11-9　虚拟机 DNSServer 启动就绪

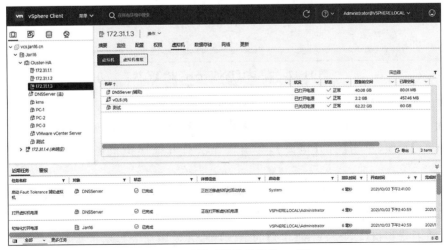

图 11-10　可以看到辅助虚拟机 DNSServer

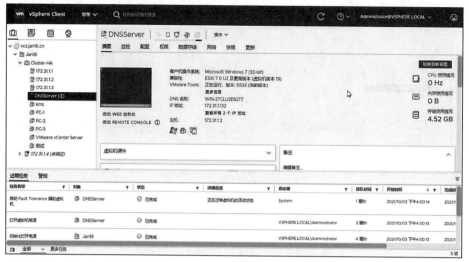

图 11-11　可以看到主虚拟机在 ESXi-2 上

**2. 测试 FT 虚拟机功能**

（1）在【导航器】界面，检查虚拟机【DNSServer（主）】的状态，如图 11-12 所示。

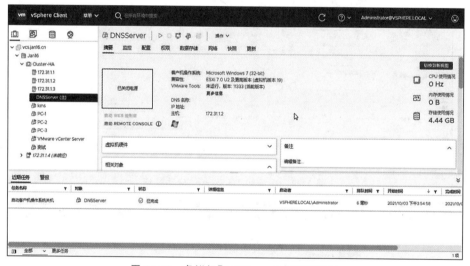

图 11-12　虚拟机【DNSServer（主）】的状态

（2）访问虚拟机【DNSServer（辅助）】对应的 ESXi 主机页面（即【172.31.1.3】主机的控制台页面），在【虚拟机】页面找到并单击虚拟机【DNSServer】（见图 11-13）；在虚拟机【DNSServer】页面，单击【打开电源】，会出现无法打开该虚拟机电源的提示，如图 11-14 所示。

（3）在 vSphere Client 的【导航器】页面，找到虚拟机【DNSServer（主）】，右击，从弹出的快捷菜单中选择【启动】-【打开电源】，稍等片刻后，启动完成，如图 11-15 所示。

（4）查看虚拟机【DNSServer（主）】的 IP 地址，并使用命令提示符检查客户机与虚拟机【DNSServer（主）】的连通性，如图 11-16 所示。

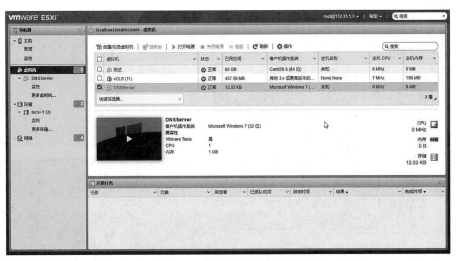

图 11-13 访问 ESXi-3 主机控制台的【虚拟机】页面

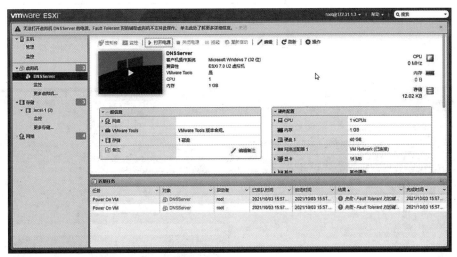

图 11-14 尝试打开虚拟机【DNSServer】的电源，发现无法打开

图 11-15 虚拟机【DNSServer(主)】启动完成

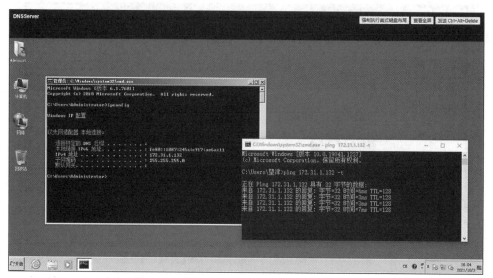

图 11-16　连通性检测

（5）在虚拟机【DNSServer】上，创建名为【Test】的文本文件，并写入内容，如图 11-17
所示。

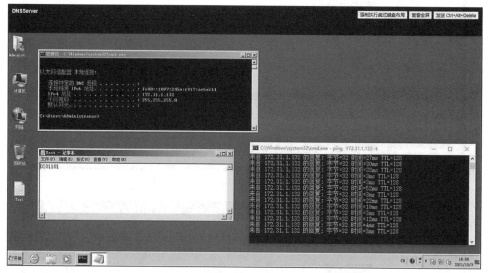

图 11-17　创建文件并写入内容

（6）测试步骤如下。

① 当虚拟机【DNSServer（主）】处于关机状态时，在【172.31.1.3】主机控制台页面中，对
【DNSServer】的辅助虚拟机单独进行开启电源的操作，发现无法开启，因为该虚拟机受 FT
保护，不能被读写，如图 11-18 所示。

② 在 vSphere Client 的【导航器】界面，找到【172.31.1.2】主机并右击，从弹出的快捷菜
单中选择【电源】-【关机】，如图 11-19 所示。

③ 在【导航器】界面，单击【172.31.1.2】主机，可以看到出现【主机连接和电源状况】的提
示，即该主机电源已关闭，如图 11-20 所示。

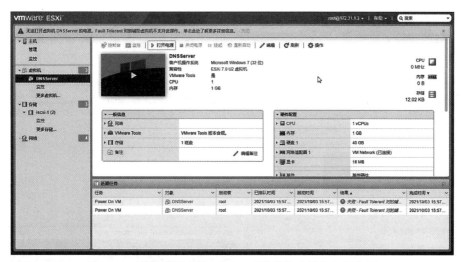

图 11-18　无法单独为【DNSServer】的辅助虚拟机打开电源

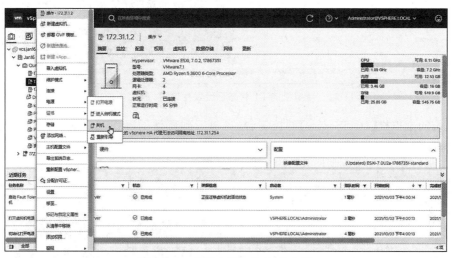

图 11-19　关闭主机 ESXi-2 的电源

图 11-20　ESXi-2 主机已关闭电源

④ 在【导航器】页面，单击虚拟机【DNSServer(主)】，会出现【虚拟机 Fault Tolerance 状态已更改】的提示，且主机地址发生了改变，但是客户机与虚拟机的访问并未中断，如图 11-21 所示。

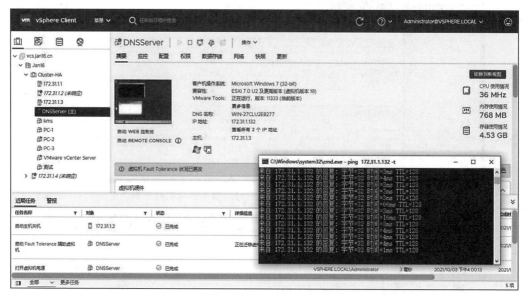

图 11-21　虚拟机的 FT 状态已经发生改变，但业务未中断

⑤ 访问虚拟机【DNSServer】的控制台，可以看到所做的操作和之前一样，且文件未丢失，如图 11-22 所示。

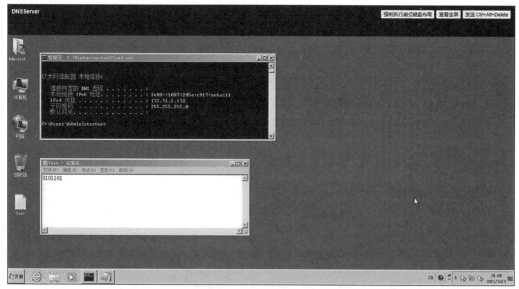

图 11-22　虚拟机【DNSServer】的操作与之前保持一致

## 11.5 实验任务

### 11.5.1 任务简介

工程师小莫完成 HA 集群的搭建后,领导希望获得比 HA 功能更高的可用性和数据保护,从而保障业务 7×24 小时在线,因此小莫决定为提供域名解析服务的虚拟机启用 FT 功能。FT 服务开启后会生成主要虚拟机和辅助虚拟机,如果运行 DNS 服务的虚拟机的主要虚拟机发生故障,则会发生及时且透明的故障切换,使用服务的用户也会对故障切换无感知。正常运行的辅助虚拟机将无缝变成虚拟机的主要虚拟机,并且不会断开网络连接或中断正在处理的事务。使用透明故障切换,可以维护网络连接。在进行透明故障切换后,将重新生成新的辅助虚拟机,重新建立冗余。

### 11.5.2 任务设计

系统管理员的工作任务如下。

FT 功能的实现需要较多的先决条件,因此工程师小莫向公司申请了 4 张千兆的网卡分别添加到 ESXi-1、ESXi-2 的主机中,用于实现 vMotion 的网络和 FT 日志流量的负载,VMkernel 网卡参数如表 11-1 所示,随后申请了两块 iSCSI 磁盘,为 ESXi-1 和 ESXi-2 主机搭建共享存储,磁盘大小和参数如表 11-2 所示。并且由于 vSphere 版本的限制,装有 Win7 或 Win2003 的虚拟机需要删除 USB 2.0 的接口,虚拟机参数如表 11-3 所示。随后打开 FT 功能,将主要虚拟机放置在 ESXi-2 主机上,辅助虚拟机放置在 ESXi-1 主机上。FT 功能参数如表 11-4 所示。

### 11.5.3 实验报告

完成以上内容,并完成实验报告。实验至少包含以下内容。

(1) FT 功能配置完成,可以查看主虚拟机和辅助虚拟机。

(2) 同时打开主虚拟机和辅助虚拟机,查看在主虚拟机上的操作与辅助虚拟机的操作是否同步。

(3) 对辅助虚拟机进行操作,辅助虚拟机不允许进行读写。

# 第 12 章　发布 VMware 云桌面服务（Horizon View）

## 12.1　VMware 云桌面——服务概念

### 12.1.1　VMware 云桌面概念

VMware 云桌面即 VMware Horizon View，它能通过高效交付虚拟桌面和应用程序来实现数字化工作空间，让工作人员随时随地在任何设备上都能获得资源。通过与 VMware 技术生态系统的深度集成，该平台提供了灵活的云就绪基础、现代一流的管理和端到端安全性，为当今的 Anywhere Workspace 提供支持。

VMware Horizon View 不仅是应用程序以实现简化桌面管理，它还以托管服务的形式从专为交付整个桌面而构建的虚拟化平台上交付丰富的个性化虚拟桌面。通过 VMware Horizon View，用户能够将虚拟桌面整合到数据中心的服务器中，并独立管理操作系统、应用程序和用户数据，从而在获得更高业务灵活性的同时，使最终用户能够通过各种网络条件获得灵活的高性能桌面体验。

借助 VMware Horizon View，IT 部门可在数据中心内运行远程桌面和应用程序，并将这些桌面和应用程序作为受管服务交付给员工。最终用户可以获得熟悉的个性化环境，并可以在企业或家庭中的任何地方访问此环境。通过将桌面数据放在数据中心，管理员可以集中控制并提高效率和安全性。

### 12.1.2　VMware 云桌面优势

VMware 云桌面具有以下几种优势。

**1. 可靠性与安全性**

通过将桌面和应用程序与 VMware vSphere 进行集成，并对服务器、存储和网络资源进行虚拟化，可实现对桌面和应用程序的集中式管理。将桌面操作系统和应用程序放置于数据中心的某个服务器上可带来以下优势。

（1）轻松限制数据访问。防止敏感数据被复制到远程员工的家用计算机。

（2）RADIUS 支持为选择双因素身份验证供应商提供了灵活性。支持的供应商包括 RSA SecureID、VASCO DIGIPASS、SMS Passcode 和 SafeNet 等。

（3）与 VMware Identity Manager 集成意味着最终用户可通过它们用来访问 SaaS、Web 和 Windows 应用程序的同一个基于 Web 的应用程序目录来按需访问远程桌面。用户还可以在远程桌面内使用此自定义应用程序存储来访问应用程序。

（4）通过使用预创建的 Active Directory 账户置备远程桌面，满足具有只读访问策略的锁定 Active Directory 环境的需求。

（5）安排数据备份时无须考虑最终用户的系统是否关闭。

（6）数据中心托管的远程桌面和应用程序不会或很少停机。虚拟机可以驻留在具有高可用性的 VMware 服务器集群中。

（7）虚拟桌面还可连接到后端物理系统和 Microsoft 远程桌面服务(RDS)主机。

**2. 便捷性**

VMware Horizon View 管理的控制台可支持扩展，并且即使最大规模的 Horizon View 部署也能通过单个管理界面来有效管理。能够在很短的时间内置备最终用户的桌面和应用程序，无须在每个最终用户的物理 PC 上逐一安装应用程序。最终用户可连接到远程应用程序或应用程序齐备的远程桌面上，可以在不同位置使用各种设备访问同一个远程桌面或应用程序。

**3. 硬件独立性**

远程桌面和应用程序具有硬件独立性。远程桌面可在 PC、Mac、瘦客户端、平板电脑和手机上运行，应用程序可在以上部分设备中运行。如果启用 HTML Access 功能，最终用户可在浏览器中打开远程桌面，无须客户端系统或设备上安装任何客户端应用程序。

**4. 安全功能**

在针对 Active Directory 提供制度访问策略的环境中配置远程桌面和应用程序时，VMware Horizon View 会使用预先创建的 Active Directory 账户以保证安全性。

使用 SSL 安全加密链路确保对所有连接进行完全加密。

与 VMware vSphere 集成，可以实现远程桌面和应用程序的高性价比密度和高可用性，并提供高级资源分配控制。

使用 Horizon View Composer 服务器快速创建与主映像共享虚拟磁盘的桌面映像。采用这种方法使用链接克隆，有助于节省磁盘空间和简化对操作系统的修补程序和更新的管理。

Horizon 7 中包含的功能可支持可用性、安全性、集中式控制和可扩展性。

以下功能提供最终用户所熟悉的体验。

（1）在某些客户端设备中，可以在虚拟桌面上使用客户端设备上定义的任何本地或网络打印机进行打印。该虚拟打印机功能可消除兼容性问题，而且用户不必在虚拟机上安装额外的打印驱动程序。

（2）在大多数客户端设备中，使用基于位置的打印功能映射到物理位置接近客户端系统的打印机。基于位置的打印需要用户在虚拟机中安装打印驱动程序。

（3）本地打印机重定向专门用于以下用例。

① 直接连接到客户端上的 USB 或串行端口的打印机。

② 连接到客户端的专用打印机，如条形码打印机和标签打印机。

③ 远程网络上不可从虚拟会话寻址的网络打印机。

（4）使用多个显示器。对于 PCoIP 和 Blast Extreme 显示协议，多显示器支持意味着用户可以单独调整每个显示器的显示分辨率和旋转角度。

（5）访问连接到可显示虚拟桌面的本地设备的 USB 设备和其他外围设备。

用户可指定最终用户可连接的 USB 设备类型。对于包含多种设备类型的组合设备（例如，包含一个视频输入设备和一个存储设备），可通过分割设备，允许连接其中一个设备（如视频输入设备），而禁止连接另一个（如存储设备）。

（6）使用 Horizon Persona Management 在会话间保留用户设置和数据，即使在刷新或重构桌面后也可这样做。用户配置管理能够按照可配置的时间间隔将用户配置文件复制到远程配置文件存储（CIFS 共享位置）。

用户也可以在不受 Horizon 7 管理的物理机和虚拟机上使用独立版本的用户配置管理。Horizon 7 还特别提供了以下安全功能。

（1）使用 RSA SecureID 或 RADIUS（远程身份验证拨入用户服务）等双因素身份验证或智能卡登录。

（2）在针对 Active Directory 提供只读访问策略的环境中配置远程桌面和应用程序时，使用预先创建的 Active Directory 账户。

（3）使用 SSL/TLS 安全加密链路确保对所有连接进行完全加密。

（4）使用 VMware HA 确保自动进行故障切换。

可扩展性功能需要借助 VMware 虚拟化平台来管理桌面和服务器。

（1）与 VMware vSphere 集成，可以实现远程桌面和应用程序的高性价比密度、高可用性，并提供高级资源分配控制。

（2）使用 Horizon 7 Storage Accelerator 功能可以在存储资源相同的情况下支持更大规模的最终用户登录。该 Storage Accelerator 使用 vSphere 5 平台中的功能，为通用数据块读取操作创建主机内存缓存。

（3）将 Horizon 连接服务器配置为代理最终用户与授权最终用户访问的远程桌面和应用程序之间的连接。

（4）用 View Composer 快速创建与主映像共享虚拟磁盘的桌面映像。用这种方法使用链接克隆，有助于节省磁盘空间和简化对操作系统的修补程序和更新的管理。

（5）使用 Horizon 7 中引入的即时克隆功能快速创建与父映像共享虚拟磁盘和内存的桌面映像。即时克隆不仅具有 View Composer 链接克隆的空间利用效率，而且不再需要刷新、重构和重新平衡，从而进一步简化操作系统修补程序和更新管理。即时克隆完全消除了桌面维护期限问题。

以下功能可用于进行集中式管理。

（1）使用 Microsoft Active Directory 管理对远程桌面和应用程序的访问并管理策略。

（2）使用用户配置管理简化和优化从物理桌面到虚拟桌面的迁移过程。

（3）使用基于 Web 的管理控制台从任意位置管理远程桌面和应用程序。

（4）使用 Horizon Administrator 分发和管理 VMware ThinApp™ 附带的应用程序。

（5）使用模板或主映像快速创建和置备桌面池。

（6）在不影响用户设置、数据或首选项的情况下，向虚拟桌面发送更新和修补程序。

（7）与 VMware Identity Manager 集成，使最终用户能够通过 Web 上的用户门户访问远程桌面，并在远程桌面内通过浏览器使用 VMware Identity Manager。

（8）与 Mirage™ 和 Horizon FLEX™ 集成，可以管理本地安装的虚拟机桌面，并且可以在专用的完整克隆远程桌面上部署和更新应用程序，而不覆盖用户安装的应用程序。

## 12.2 云桌面——部署服务介绍

通过 VMware Horizon View，IT 部门可以在数据中心部署虚拟化环境，并将这些环境交付给员工。最终用户可以获得熟悉的个性化环境，并且可以在企业或家庭网络中的任何地方访问此环境。将桌面数据全部置于数据中心，管理员可以进行集中式管理，同时还能提高效率，增强安全性，降低成本（用户可以使用落后的 PC 或瘦客户机访问虚拟桌面环境）。

VMware Horizon 7 虚拟桌面部署由以下几个组件组成。

（1）客户端设备。

（2）Horizon Connection Server。

（3）Horizon Client。

（4）Horizon Agent。

（5）VMware Horizon 用户 Web 用户。

（6）Horizon Administrator。

（7）Horizon Composer。

（8）Horizon ThinApp。

（9）vCenter Server。

各组件通过以下方式组成在一起。

用户启动 Horizon Client 以登录 Horizon 连接服务器。该服务器与 Windows Active Directory 集成，可提供对 VMware vSphere 服务器、物理 PC 或 Microsoft RDS 主机上托管的远程桌面的访问权限。Horizon Client 还提供对 Microsoft RDS 主机上的已发布应用程序的访问权限。Horizon 7 支持多个 Active Directory 域服务（Active Directory Domain Service，AD DS）域功能级别。Horizon 7 环境高级示例显示了 Horizon 7 部署中各主要组件之间的关系，如图 12-1 所示。

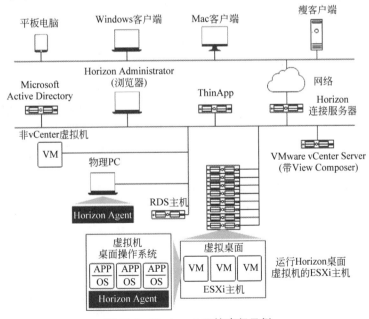

图 12-1 Horizon 7 环境高级示例

（1）客户端设备。

Horizon 的一大优势在于，用户可以在任何地点使用任何设备访问桌面。用户可以通过公司的笔记本电脑、家用 PC、瘦客户端设备、MAC 或平板访问个性化虚拟桌面。在 PC 中，用户只要打开 Horizon Client 就能显示 Horizon 桌面。瘦客户端借助瘦客户端软件，管理员可以进行配置，让 Horizon Client 成为用户在瘦客户端上唯一能直接启动的应用程序。将传统 PC 作为瘦客户端使用，可以延长硬件使用寿命。

（2）Horizon Connection Server。

该服务充当客户端的连接点，Horizon Connection Server 通过 Windows Active Directory 对用户提供身份验证，并将请求定向到相应的虚拟机或服务器。Horizon Connection Server 还提供了以下管理功能。

① 用户身份验证。

② 授权用户访问特定的桌面和池。

③ 将通过 VMware ThinApp 打包的应用程序分配给特定桌面和池。

④ 管理远程桌面和应用程序会话。

⑤ 在用户和远程桌面及应用程序之间建立安全连接。

⑥ 支持单点登录。

⑦ 设置和应用策略。

在企业防火墙内部，用户需要安装并配置一个至少包含两个连接服务器实例的组。其配置数据存储在一个嵌入式 LDAP 目录内，并且在组内各成员之间复制。

在企业防火墙外部，用户可以在 DMZ 中安装连接服务器并将其配置为安全服务器，也可以安装 Unified Access Gateway 设备。DMZ 中的安全服务器和 Unified Access Gateway 设备与企业防火墙内部的连接服务器进行通信。安全服务器和 Unified Access Gateway 设备可确保唯一能够进入企业数据中心的远程桌面和应用程序流量是经过严格身份验证的用户产生的流量。用户只能访问被授权访问的资源。

安全服务器提供了一个功能子集，且无须包含在 Active Directory 域中。可以将连接服务器安装在 Windows Server 2008 R2 或 Windows Server 2012 R2 服务器中，最好是安装在 VMware 虚拟机上。

（3）Horizon Client。

Horizon 提供了多平台客户端，包括 Windows、macOS、Linux 和瘦客户端平台。可以让用户通过各种硬件来访问虚拟桌面。需要在远程桌面源虚拟机、RDS 服务器上安装，通过与 Horizon Client 连接来为用户提供连接监视，虚拟打印 USB 映射等功能。

（4）Horizon Agent。

用户可以在所有用作远程桌面和应用程序源的虚拟机、物理系统和 Microsoft RDS 主机上安装 Horizon Agent 服务。在虚拟机上，此代理通过与 Horizon Client 进行通信来提供连接监视、虚拟打印、Horizon Persona Management 和访问本地连接的 USB 设备等功能。

如果桌面源本身是一个虚拟机，用户应当首先在该虚拟机上安装 Horizon Agent 服务，然后再将其作为模板、链接克隆或即时克隆的父虚拟机使用。从该虚拟机创建池时，该代理将自动安装到每个远程桌面上。

用户可以在安装代理时选择单点登录选项。使用单点登录后，用户只会在连接 Horizon 连接服务器时收到登录提示，下一次连接远程桌面或应用程序时便不会收到提示。

（5）VMware Horizon 用户 Web 用户。

通过客户端设备上的 Web 浏览器，最终用户可以连接至远程桌面和应用程序，自动启动 Horizon Client（如果已安装），或下载 Horizon Client 安装程序。

当用户打开浏览器并输入一个 Horizon Connection Server 实例的 URL 时，将会显示网页，其中包含 VMware 下载网站链接，用于下载 Horizon Client。但网页上的链接是可配置的。例如，用户可将链接配置为指向一个内部 Web 服务器，也可对自己的连接服务器上可用的客户端版本加以限制。

如果用户使用 HTML Access 功能，网页还会显示一个用于在支持的浏览器内部访问远程桌面和应用程序的链接。使用此功能，不会在客户端系统或设备上安装 Horizon Client 应用程序。

（6）Horizon Administrator。

这款基于 Web 的应用程序允许管理员配置 Horizon 连接服务器、部署并管理远程桌面和应用程序、控制用户身份验证以及排除最终用户遇到的问题。

Horizon Administrator 应用程序会随连接服务器实例一起安装。借助该应用程序，管理员无须在他们的本地计算机上安装应用程序，即可从任何地方管理连接服务器实例。

（7）Horizon Composer。

用户可将该软件服务安装在管理虚拟机的 vCenter Server 实例上或安装在单独的服务器上。然后，View Composer 将可以从指定的父虚拟机创建链接克隆池。这种策略可节约多达 90％的存储成本。

每个链接克隆都像一个独立的桌面，带有唯一的主机名和 IP 地址，但不同的是，链接克隆与父虚拟机共享一个基础映像，因此存储需求明显减少。由于链接克隆桌面池共享一个基础映像，因此用户可以通过仅更新父虚拟机来快速部署更新和修补程序。最终用户的设置、数据和应用程序均不会受到影响。

也可以使用 View Composer 创建自动链接克隆 Microsoft RDS 主机，这会为最终用户提供发布的应用程序。

尽管可以将 View Composer 安装在其自身的服务器主机上，但一项 View Composer 服务只能基于一个 vCenter Server 实例运行。同样地，vCenter Server 实例只能与一个 View Composer 服务相关联。

View Composer 是一个可选组件。如果用户计划置备即时克隆，则不需要安装 View Composer。

（8）Horizon ThinApp。

该服务可以将应用程序封装到虚拟化的沙箱中。采用这种方法可以灵活地部署应用程序，多个应用程序同时使用时，并不会产生冲突。

（9）vCenter Server。

该服务可充当连接到网络的 VMware ESXi 服务器的中心管理员。vCenter Server 为配置、置备和管理数据中心中的虚拟机提供中心点。

除使用这些虚拟机作为虚拟机桌面池的源外，还可以使用虚拟机托管 Horizon 7 的服务器组件,包括 Horizon Connection Server 实例、Active Directory 服务器、Microsoft RDS
主机和 vCenter Server 实例。

用户可以将 View Composer 和 vCenter Server 安装在相同的服务器上或不同的服务
器上。vCenter Server 会管理向物理服务器和存储分配虚拟机的情况,以及向虚拟机分配
CPU 和内存资源的情况。

可以将 vCenter Server 作为 VMware 虚拟设备安装,或将 vCenter Server 安装在
Windows Server 2008 R2 服务器或 Windows Server 2012 R2 服务器中,最好是安装在 VMware
虚拟机上。

## 12.3 VMware 云桌面——测试使用方法

### 12.3.1 测试使用方法 1

**1. Horizon Client 和 Agent 产品介绍**

Horizon Client 是最终用户为连接到远程应用程序或桌面从其客户端设备中启动的应
用程序。View Agent(对于 Horizon 6)或 Horizon Agent(对于 Horizon 7)是在远程桌面或
提供远程应用程序的 Microsoft RDS 主机的操作系统中运行的代理软件,是测试使用
VMware 云桌面的工具。

**2. 外部端口**

为确保产品正常运行,必须根据需要使用的功能打开不同的端口,以便远程桌面上的客
户端和代理可以相互通信。

**3. 用于 View Agent 或 Horizon Agent 的防火墙规则**

View Agent 和 Horizon Agent 安装程序可以选择在远程桌面和 RDS 主机中配置
Windows 防火墙规则,以打开默认网络端口。除非特别注明,端口均为传入端口。

View Agent 和 Horizon Agent 安装程序为入站 RDP 连接配置本地防火墙规则,以便
与主机操作系统的当前 RDP 端口(通常为 3389)相匹配。

如果指示 View Agent 或 Horizon Agent 安装程序不启用远程桌面支持,安装程序将不
会打开端口 3389 和 32111,必须手动打开这些端口。

如果在安装后更改 RDP 端口号,必须更改关联的防火墙规则。要在安装后更改默认端
口,必须手动重新配置 Windows 防火墙规则以允许通过更新后的端口进行访问。请参阅
《Horizon 7 安装指南》文档中的"替换 View 服务的默认端口"。

RDS 主机上适用于 View Agent 或 Horizon Agent 的 Windows 防火墙规则将一组连
续的 UDP 端口(256 个)显示为入站流量的打开端口。这组端口供 View Agent 或 Horizon
Agent 中的 VMware Blast 内部使用。RDS 主机上的一个特殊 Microsoft 签名驱动程序可
阻止外部来源传送到这些端口的入站流量。该驱动程序导致 Windows 防火墙将端口视为
已关闭。

如果使用虚拟机模板作为桌面源,只有在模板为桌面域成员的情况下,防火墙异常才会
在部署的桌面中继续存在。可以使用 Microsoft 组策略设置管理本地防火墙例外规则。

**4. 在 View Agent 或 Horizon Agent 安装期间打开的 TCP 和 UDP 端口**

各端口信息,如图 12-2 所示。

| 协议 | 端口 |
|------|------|
| RDP | TCP 端口 3389 |
| USB 重定向和时区同步 | TCP 端口 32111 |
| MMR（多媒体重定向）和 CDR（客户端驱动端重定向） | TCP 端口 9427 |
| PCoIP | 对于 RDS 主机，PCoIP 使用以下端口号：TCP 端口 4172 和 UDP 端口 4172（双向）。 |
| | 对于桌面，PCoIP 使用从可配置范围中选择的端口号。默认情况下使用 TCP 端口 4172 到 4173，UDP 端口 4172 到 4182。针对这些端口的防火墙规则不会指定端口号，而是动态关注由每个 PCoIP Server 打开的端口。系统会将选定的端口号通过连接服务器端传达给客户端。 |
| VMware Blast | TCP 端口 22443 |
| | UDP 端口 22443（双向） |
| | **注：** |
| | UDP 不用于 Linux 桌面。 |
| HTML Access | TCP 端口 22443 |
| XDMCP | UDP 177 |
| | **注：** |
| | 仅在运行 Ubuntu 18.04 的 Linux 桌面中打开了该端口以进行 XDMCP 访问。防火墙规则阻止所有外部主机访问该端口。 |
| X11 | TCP 6100 |
| | **注：** |
| | 仅在运行 Ubuntu 18.04 的 Linux 桌面中打开了该端口以进行 XServer 访问。防火墙规则阻止所有外部主机访问该端口。 |

图 12-2　协议和端口信息

## 12.3.2　测试使用方法 2

**1. 安装的服务、守护程序和进程**

在用户运行 Horizon Client 和 Agent 安装程序时，会安装多个组件。

（1）View Agent 或 Horizon Agent 安装程序在 Windows 计算机上安装的服务，如图 12-3 所示。

| 服务名称 | 启动类型 | 说明 |
|---------|---------|------|
| VMware Blast | 自动 | 为 HTML Access 提供服务，以及使用 VMware Blast Extreme 协议连接到本地客户端。 |
| VMware Horizon View Agent | 自动 | 为 View Agent/Horizon Agent 提供服务。 |
| VMware Horizon View Composer Guest Agent Server | 自动 | 当该虚拟机属于 View Composer 链接克隆桌面池时提供服务。 |
| VMware Horizon View Persona Management | 自动（如果该功能已启用）；否则被禁用 | 为 VMware Persona Management 功能提供服务。 |
| VMware Horizon View 脚本主机 | 已禁用 | 为运行启动会话脚本提供支持，在桌面会话开始前配置桌面安全策略（如有）。策略基于客户端设备和用户位置。 |
| VMware Netlink Supervisor Service | 自动 | 为了支持扫描仪重定向功能和串行端口重定向功能，为内核与用户空间进程之间的信息传输提供监控服务。 |
| VMware Scanner Redirection Client Service | 自动 | （View Agent 6.0.2 和更高版本）为扫描仪重定向功能提供服务。 |
| VMware Serial Com Client Service | 自动 | （View Agent 6.1.1 和更高版本）为串行端口重定向功能提供服务。 |
| VMware Snapshot Provider | 手动 | 为用于克隆的虚拟机快照提供服务。 |
| VMware Tools | 自动 | 为同步主机与客户机操作系统之间的时间提供支持，这可以提高虚拟机客户机操作系统的性能并增强虚拟机的管理功能。 |
| VMware USB Arbitration Service | 自动 | 枚举连接到客户端的各种 USB 设备，确定哪些设备连接到客户端，哪些设备连接到远端桌面。 |
| VMware View USB | 自动 | 为 USB 重定向功能提供服务。 |

图 12-3　安装服务信息

（2）Windows 客户端上安装的服务。

Horizon Client 的运行取决于多项 Windows 服务。

Horizon Client 服务信息，如图 12-4 所示。

（3）在其他客户端和 Linux 桌面中安装的守护程序。

| 服务名称 | 启动类型 | 说明 |
|---|---|---|
| VMware Horizon Client | 自动 | 提供 Horizon Client 服务。 |
| VMware Netlink Supervisor Service | 自动 | 为了支持扫描仪重定向功能和串行端口重定向功能，为内核与用户空间进程之间的信息传输提供监控服务。 |
| VMware Scanner Redirection Client Service | 自动 | （Horizon Client 3.2 及更高版本）为扫描仪重定向功能提供服务。 |
| VMware Serial Com Client Service | 自动 | （Horizon Client 3.4 及更高版本）为串行端口重定向功能提供服务。 |
| VMware USB Arbitration Service | 自动 | 枚举连接到客户端的各种 USB 设备，确定哪些设备连接到客户端，哪些设备连接到远程桌面。 |
| VMware View USB | 自动 | （Horizon Client 4.3 及更低版本）为 USB 重定向功能提供服务。 |
| | | 注：<br>在 Horizon Client 4.4 及更高版本中，该服务已被移除，而 USBD 服务移动至 vmware-remotemks.exe 进程中。 |

图 12-4  已启动服务信息

出于安全目的，了解 Horizon Client 是否安装了任何守护程序或进程很重要。

按客户端类型显示的、由 Horizon Client 安装的服务、进程或守护程序，如图 12-5 所示。

| 类型 | 服务、进程或守护程序 |
|---|---|
| Linux 客户端 | • vmware-usbarbitrator，它枚举连接到客户端的各种 USB 设备，并确定哪些设备连接到客户端，哪些设备连接到远程桌面。<br>• vmware-view-used，它为 USB 重定向功能提供服务。<br><br>注：<br>如果您在安装过程中单击**安装后注册并启动服务**复选框，这些守护程序会自动启动。这些进程以 root 身份运行。 |
| Mac 客户端 | Horizon Client 不会创建任何守护程序。 |
| Chrome OS 客户端 | Horizon Client 在一个 Android 进程中运行。Horizon Client 不会创建任何守护程序。 |
| iOS 客户端 | Horizon Client 不会创建任何守护程序。 |
| Android 客户端 | Horizon Client 在一个 Android 进程中运行。Horizon Client 不会创建任何守护程序。 |
| Windows 10 UWP 客户端 | Horizon Client 不会创建或触发任何系统服务。 |
| Windows 应用商店客户端 | Horizon Client 不会创建或触发任何系统服务。 |
| Linux 桌面 | • StandaloneAgent，它以 root 特权运行，在 Linux 系统启动和运行时运行。StandaloneAgent 与连接服务器通信，以执行远程桌面会话管理（建立或停止会话，为连接服务器中的代理更新远程桌面状态）。<br>• VMwareBlastServer，它由 StandaloneAgent 在接收到连接服务器的 StartSession 请求时启动。VMwareBlastServer 守护程序以 vmwblast（Linux Agent 安装时创建的系统账户）特权运行。它通过内部 MKSControl 通道与 StandaloneAgent 通信，并使用 VMware Blast 显示协议与 Horizon Client 通信。 |

图 12-5  已安装的服务进程或守护程序

**2. 客户端和代理的安全性设置**

可以通过多种客户端和代理设置调整配置的安全性。用户可以通过使用组策略对象或编辑 Windows 注册表设置来访问远程桌面和 Windows 客户端的设置。

对于与日志收集有关的配置设置，请参阅"客户端和代理日志文件位置"。对于与安全协议和密码套件有关的配置设置，请参阅"配置安全协议和密码套件"。

1）配置证书检查

管理员可以配置证书验证模式来实现一系列功能，例如始终执行完整验证。还可以配置是否允许最终用户在任意或部分服务器证书检查失败时选择是否拒绝客户端连接。

2）View Agent 和 Horizon Agent 配置模板中的安全性相关设置

View Agent 和 Horizon Agent 的 ADM 和 ADMX 模板文件中提供了安全性相关设置。ADM 和 ADMX 模板文件分别名为 vdm_agent.adm 和 vdm_agent.admx。除非另作说明，上述设置中仅包含一项"计算机配置"设置。

3）在 Linux 桌面上的配置文件中设置选项

用户可以向文件/etc/vmware/config 或/etc/vmware/viewagent-custom.conf 添加条目，以配置某些选项。

4）HTML Access 的组策略设置

HTML Access 的组策略设置在名为 vdm_blast.adm 和 vdm_blast.admx 的 ADM 和 ADMX 模板文件中指定。这些模板适用于 VMware Blast 显示协议，该协议是 HTML Access 使用的唯一显示协议。

5）Horizon Client 配置模板中的安全性设置

Horizon Client 的 ADMX 模板文件的"安全性"部分和"脚本定义"部分中提供了安全性相关设置。该 ADMX 模板文件名为 vdm_client.admx。除非特别说明，上述设置中仅包含一项"计算机配置"设置。如果"用户配置"设置可用，而且用户为它定义了一个值，它将覆盖等效的"计算机配置"设置。

6）配置 Horizon Client 证书验证模式

用户可以通过向 Windows 客户端计算机上的某个注册表项添加 CertCheckMode 值名称来配置 Horizon Client 证书验证模式。

7）配置本地安全机构保护

Horizon Client 和 Horizon Agent 支持本地安全机构（Local Security Authority，LSA）保护。LSA 保护可防止其凭据不受保护的用户读取内存和注入代码。

## 12.4  项目开发及实现

### 12.4.1  项目描述

正月十六，公司已经实现了公司虚拟化架构的全面转型，但虚拟化的方式仅限于对外业务部门，内部的员工仍然是单机办公模式，办公效率并不高，无法做到个性化的操作，且存在设备投资维护成本高和数据迁移较为烦琐等问题。公司经过考察和研究，决定搭建云桌面平台，实现员工桌面的集中管理、控制，以满足终端用户个性化、移动化办公和保障公司数据安全的需求。

### 12.4.2  项目设计

公司经过调研后，决定在原本的虚拟化架构上增添若干台高性能服务器，采用 VMware vSphere 搭建虚拟化平台。虚拟化技术人员部署 VMware Horizon View 桌面虚拟化平台，使用 Windows 10 制作父虚拟机，并将以此为基础的虚拟化桌面发布给公司员工使用。

云桌面系统的总体架构如图 12-6 所示。

系统管理员的工作任务如下。

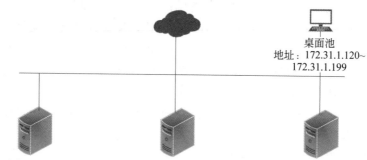

桌面池
地址：172.31.1.120~
172.31.1.199

主机名：dc
IP地址：172.31.1.11/24
网关：172.31.1.254
用途：活动目录，DNS，DHCP

主机名：vcs1
IP地址：172.31.1.13/24
网关：172.31.1.254
用途：View虚拟桌面连接服务

主机名：composer
IP地址：172.31.1.14/24
网关：172.31.1.254
用途：View Composer服务器

图 12-6　云桌面系统的总体架构

在信息中心已搭建好的私有云平台基础上，搭建 vCenter Server、Connection Server、Composer 和 SQL Server，制作"view"桌面发布到 Internet 上，使内部员工用户可以通过"view client"或"view client with local mode"直接使用在线或离线的 Windows 10"view"桌面。各服务器系统部署规划如表 12-1 所示。节点、账号、密码如表 12-2 所示。各主机硬件配置信息如表 12-3 所示。

表 12-1　各服务器系统部署规划

| 角 色 | IP 地 址 | 主　机　名 | 部署节点 | DNS 服务器 | 网关地址 | 系　　统 |
|---|---|---|---|---|---|---|
| AD 域，DNS，DHCP 服务器 | 172.31.1.11 | ad.jan16.cn | ESXS-4 | 172.31.1.11 | 172.31.1.254 | Windows Server 2012 R2 |
| VCS（View Connection Server） | 172.31.1.13 | vcs1.jan16.cn | ESXS-4 | 172.31.1.11 | 172.31.1.254 | Windows Server 2012 R2 |
| View Composer Server | 172.31.1.14 | composer.jan16.cn | ESXS-4 | 172.31.1.11 | 172.31.1.254 | Windows Server 2012 R2 |
| 父虚拟机 | 172.31.1.149 | xxx | ESXS-4 | 172.31.1.11 | 172.31.1.254 | Windows 10 |

表 12-2　节点、账号、密码

| 节　　点 | 账　　号 | 密　　码 |
|---|---|---|
| ESXi-4 | root | Jan16@123 |
| DC（AD 域，DNS 服务器，DHCP 服务器） | administrator | Jan16@123 |
| | zhangsan | Jan16@123 |
| | view1 | Jan16@123 |
| | view2 | Jan16@123 |
| | view3 | Jan16@123 |
| VCS（View Connection Server） | administrator | Jan16@123 |
| View Composer Server | administrator | Jan16@123 |
| 父虚拟机（Win10） | jan16 | Jan16@123 |

表 12-3 各主机硬件配置信息

| 主 机 | 实验 IP 地址 | 配 置 | 用 途 |
|---|---|---|---|
| vCenter | 172.31.1.200 | CPU：12GB<br>内核：2 核 | 数据中心 |
| DC | 172.31.1.11 | CPU：6GB<br>内核：2 核 | 担任域控制器,DNS 服务器,DHCP<br>服务器 |
| VCS | 172.31.1.13 | CPU：6GB<br>内核：2 核 | View 连接服务器 |
| Composer | 172.31.1.14 | CPU：6GB<br>内核：2 核 | Composer 服务器 |
| Windows 10 | 自动获取 | CPU：4GB<br>内核：2 核 | 父虚拟机 |

### 12.4.3 项目实现

**1. 配置 VMware Horizon View 域环境**

(1) 在【仪表板】界面,单击【添加角色和功能】,如图 12-7 所示。

图 12-7 在【仪表板】中单击【添加角色和功能】

(2) 在【服务器角色】中,勾选【Active Directory 域服务】,如图 12-8 所示。

(3) 根据操作指引,选择默认配置并单击【下一步】按钮,直至安装完成,如图 12-9 所示。

(4) 在安装完成的界面中,单击【将此服务器提升为域控制器】进入弹窗。选择【添加新林】选项并填写【根域名】,如图 12-10 所示,然后单击【下一步】按钮。

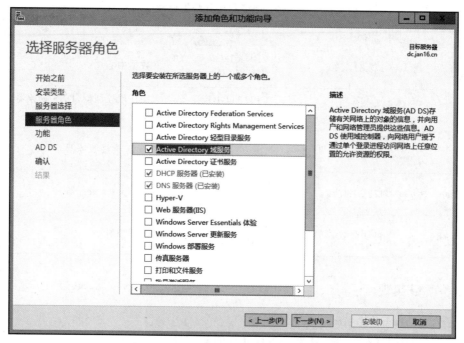

图 12-8　勾选【Active Directory 域服务】

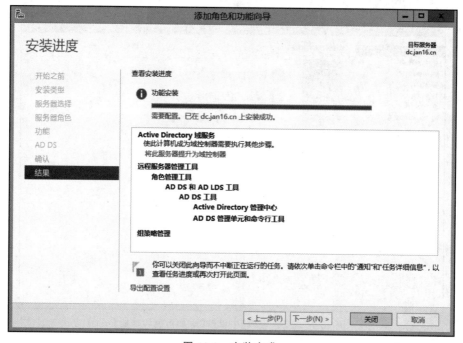

图 12-9　安装完成

　　（5）设置【键入目录服务还原模式（DSRM）密码】，如图 12-11 所示，然后单击【下一步】按钮。

　　（6）根据操作指引，选择默认配置并单击【下一步】按钮。再单击【安装】按钮，如图 12-12 所示，安装完成后系统会自动重启。

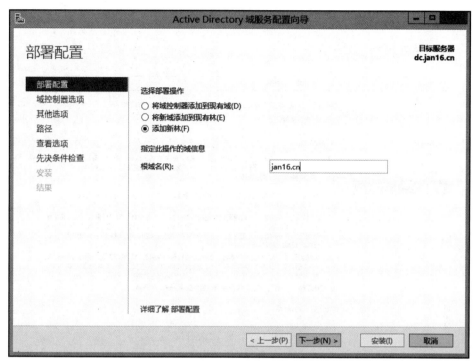

图 12-10　填写【根域名】

图 12-11　设置【键入目录服务还原模式（DSRM）密码】

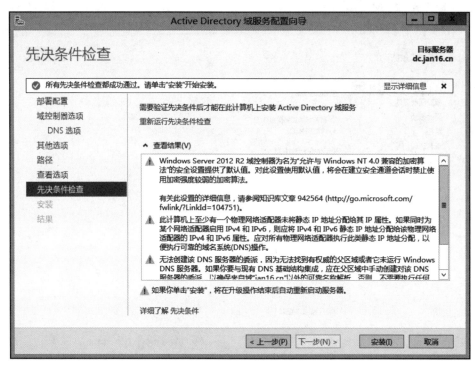

图 12-12　单击【安装】按钮

（7）在【服务器管理器】-【仪表板】界面，单击【工具】选择【Active Directory 用户和计算机】选项，如图 12-13 所示。

图 12-13　打开 Active Directory 用户和计算机

（8）在弹出的【Active Directory 用户和计算机】界面，右击【Users】文件夹，依次单击【新建】-【用户】选项，如图 12-14 所示。

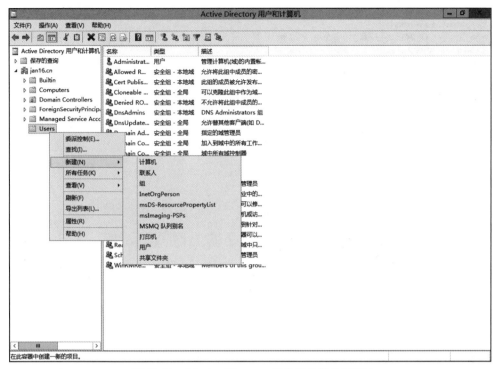

图 12-14  【Active Directory 用户和计算机】界面

（9）在弹出的【新建对象-用户】界面中，添加新用户，姓名为 zhangsan，域选择为 jan16.cn，随后单击【下一步】按钮，如图 12-15 所示。

图 12-15  新建用户

（10）zhangsan用户创建完成后，右击当前域jan16.cn，在弹出的快捷菜单中依次选择【新建】-【组织单位】，如图12-16所示。

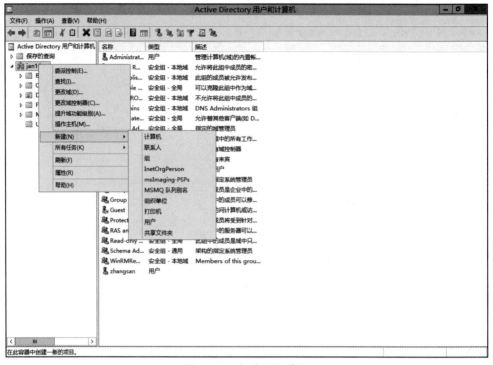

图 12-16　新建组织单位

（11）在【新建对象-组织单位】界面，填写组织单位名称为VMware-view，勾选【防止容器被意外删除】选项，如图12-17所示。再根据上述步骤在该组织单位下创建两个子组织单位，分别为view-users和win10-pc。

图 12-17　填写组织单位名称

（12）VMware-view组织单位及下级的view-users组织单位和win10-pc组织单位创建

完成，如图 12-18 所示。

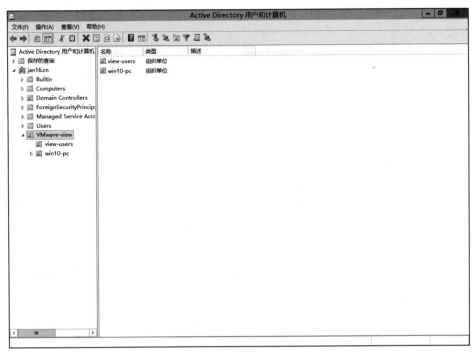

图 12-18　创建子组织单位

（13）右击当前域 jan16.cn，从弹出的快捷菜单中选择【委派控制】选项，将权限委派给用户使其能将其他计算机加入域中，如图 12-19 所示。

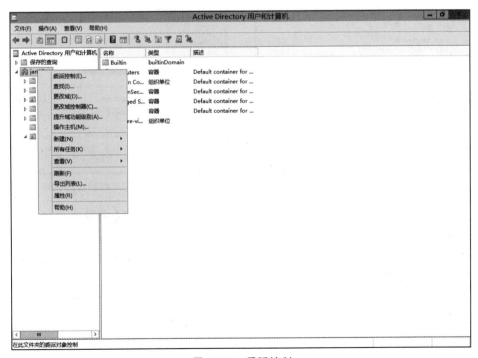

图 12-19　委派控制

（14）在弹出的【控制委派向导】界面单击【下一步】按钮，如图 12-20 所示。

（15）在【用户或组】界面，选定用户和组为 zhangsan，随后单击【下一步】按钮，如图 12-21 所示。

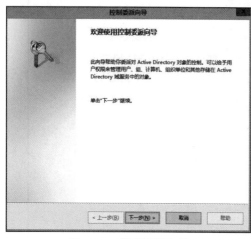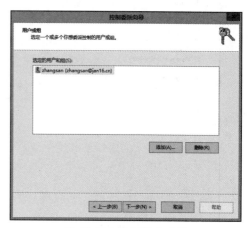

图 12-20　控制委派向导　　　　　　　　图 12-21　选择用户或组

（16）在弹出的【要委派的任务】界面，选中【委派下列常见任务（D）】，并勾选【将计算机加入域】选项，随后单击【下一步】按钮，如图 12-22 所示。

（17）检查【完成控制委派向导】界面，配置无误后单击【完成】按钮，如图 12-23 所示。

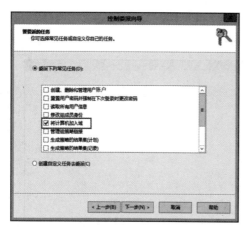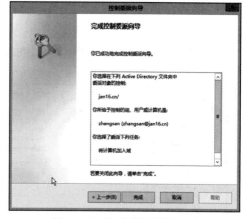

图 12-22　要委派的任务　　　　　　　　图 12-23　完成控制委派向导

（18）在【服务器管理器】-【仪表板】界面，单击【工具】中的【组策略管理】选项，如图 12-24 所示。

（19）右击在步骤（11）中创建的子组织单位【win10-pc】，选择【在这个域中创建 GPO 并在此处链接】选项，如图 12-25 所示。

（20）在弹出的【新建 GPO】界面，添加【名称】为 Win10-gpo，其他选项保持默认配置，随后单击【确定】按钮，如图 12-26 所示。

（21）创建成功后，右击 Win10-gpo，从弹出的快捷菜单中选择【编辑】选项，进入组策略编辑，如图 12-27 所示。

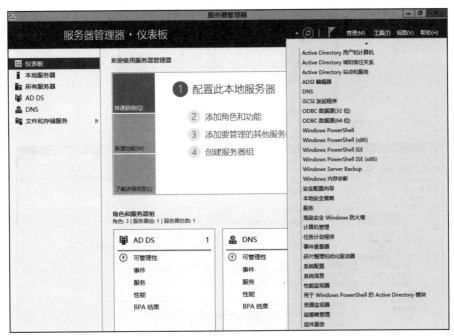

图 12-24 打开组策略管理

图 12-25 创建 GPO 并链接

（22）进入【组策略管理编辑器】界面后，右击【受限制的组】，从弹出的快捷菜单中选择
【添加组】选项，如图 12-28 所示。

（23）在弹出的【选择组】界面，单击【高级】按钮，找到远程用户桌面组 Remote Desktop
Users 进行添加，随后单击【确定】按钮，如图 12-29 所示。

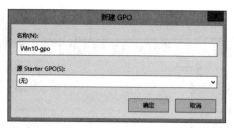

图 12-26　GPO 命名

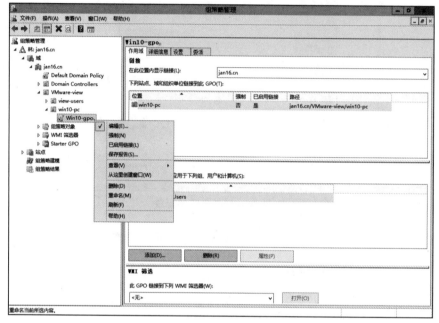

图 12-27　选择【编辑】选项

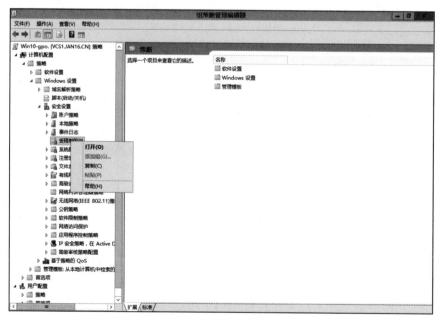

图 12-28　添加组

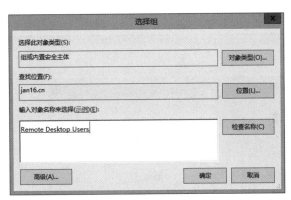

图 12-29　添加远程用户桌面组

（24）按照步骤（23）将 Administrators 添加到组成员中，如图 12-30 所示。

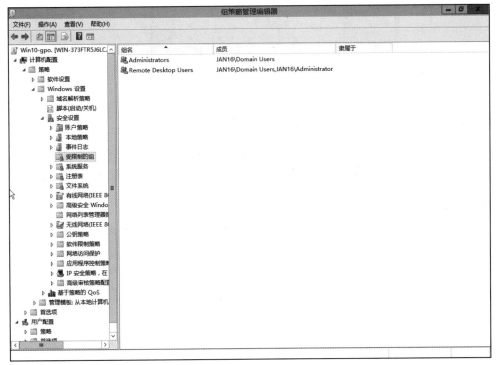

图 12-30　添加组成员

（25）在【服务器管理器】-【仪表板】界面，在【工具】选项卡中单击【Active Directory 用户和计算机】选项，为 view-users 组织单位创建 3 个用户 view1、view2 和 view3，如图 12-31 和图 12-32 所示。

（26）在【服务器管理器】-【仪表板】界面，单击【添加角色和功能】按钮，在弹出的【选择服务器角色】界面勾选【DHCP 服务器】选项安装 DHCP 服务，随后单击【下一步】按钮，如图 12-33 所示。

（27）DHCP 服务安装完成后，在仪表板中单击提醒标志，进行 DHCP 授权，选择【使用以下用户凭据】选项，填写【用户名】为 JAN16\Administrator，如图 12-34 所示。

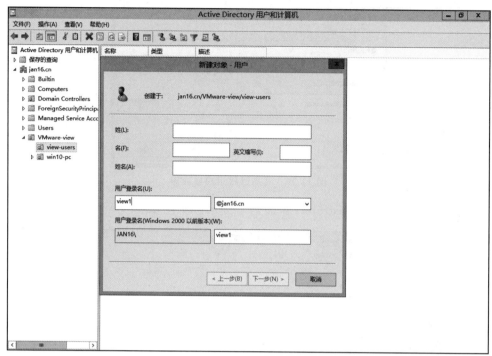

图 12-31　在组织单位中新建用户

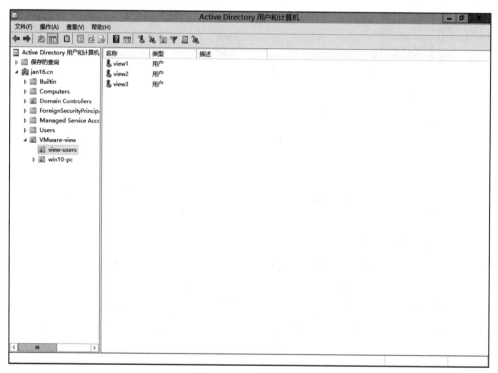

图 12-32　3 个新用户

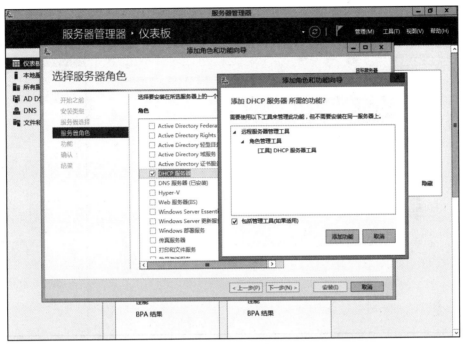

图 12-33 安装 DHCP 服务器

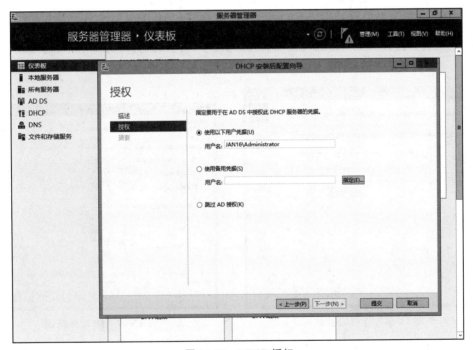

图 12-34 DHCP 授权

（28）在【服务器管理器】-【仪表板】界面，单击【工具】中的【打开 DHCP 服务】，打开
DHCP 服务的管理界面，右击 IPv4，在弹出的选项卡中单击【新建作用域】选项，如图 12-35
所示。

图 12-35　新建作用域

（29）在【作用域名称】界面，填写名称为 vlan1，如图 12-36 所示。

（30）在【IP 地址范围】界面，填写 DHCP 服务分配的【起始 IP 地址】为【172.31.1.120】，【结束 IP 地址】为【172.31.1.199】，【长度】为【24】，【子网掩码】为【255.255.255.0】，如图 12-37 所示。

图 12-36　作用域名称

图 12-37　IP 地址范围

（31）在【路由器（默认网关）】界面，配置 IP 地址为【172.31.1.254】，单击【添加】按钮，随后单击【下一步】按钮，如图 12-38 所示。

（32）其他配置选择默认，单击【完成】按钮，如图 12-39 所示。

（33）在完成第 5 章的前提下（DNS 服务器的安装与配置），开始写入 kms 的域名解析记录。在【服务器管理器】-【仪表板】界面，单击【工具】按钮，再单击【DNS】，在弹出的【DNS

管理器】界面,右击当前域 jan16.cn,从弹出的快捷菜单中选择【新建主机】选项,如图 12-40
所示。

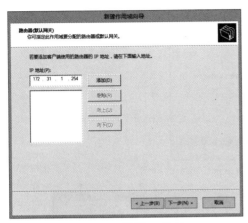

图 12-38　配置 IP 地址

图 12-39　完成新建作用域

图 12-40　新建主机

（34）在【新建主机】界面,输入【名称】为 kms,【完全限定的域名】为 kms.jan16.cn,【IP
地址】为 172.31.1.11,并勾选【创建相关的指针记录】选项,随后单击【添加主机】按钮,如
图 12-41 所示。

（35）在【DNS 管理器】界面,右击 jan16.cn 域,从弹出的快捷菜单中选择【其他新记录】
选项,如图 12-42 所示。

（36）在【资源记录类型】界面,选择【服务位置】,单击【创建记录】按钮,如图 12-43
所示。

图 12-41　添加主机

图 12-42　其他新记录

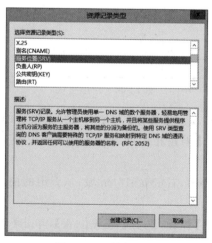

图 12-43　创建记录

（37）填写对应的参数，单击【确定】按钮，其他新记录建成，如图 12-44 所示。

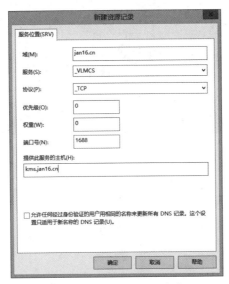

图 12-44　其他新记录建成

（38）测试步骤如下。

① 创建一台客户机进行验证，客户端能够获取正确 IP 地址、子网掩码和网关地址，如图 12-45 所示。

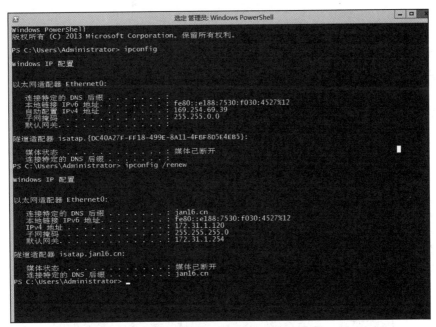

图 12-45　获取正确 IP 地址等信息

② 在客户端使用 nslookup 命令验证，可以正确解析域名"dc.jan16.cn"对应的 IP 地址，如图 12-46 所示。

③ 使用客户端加入 jan16.cn 域，可以正确加入，如图 12-47 所示。

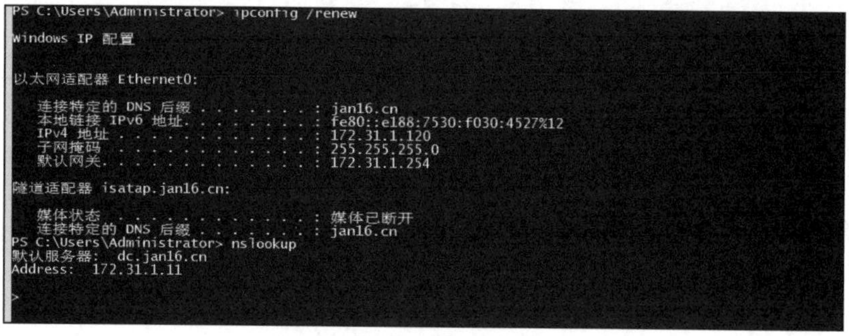

图 12-46　正确解析域名

图 12-47　正确加入域

## 2. 安装 VMware Horizon 7 Connection Server 服务器

（1）使用域管理员账户登录到安装 vcs 程序的服务器，如图 12-48 所示。

图 12-48　登录 vcs

（2）双击打开 VMware Horizon 7 Connection Server 安装程序，根据向导执行单击【下一步】按钮，如图 12-49 所示。

（3）在【许可协议】界面勾选【我接受许可协议中的条款】选项，随后单击【下一步】按钮，如图 12-50 所示。

图 12-49　安装向导

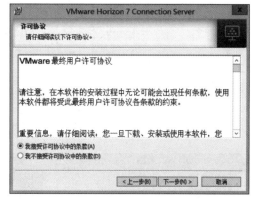

图 12-50　接受许可协议中的条款

（4）在【目标文件夹】界面，选择安装的文件夹路径为 C:\Program Files\VMware\VMware View\Server\，随后单击【下一步】按钮，如图 12-51 所示。

（5）在【安装选项】界面，选择【Horizon 7 标准服务器】，勾选【安装 HTML Access】复选框，选择 IP 协议版本为 IPv4，随后单击【下一步】按钮，如图 12-52 所示。

图 12-51　选择目标文件夹

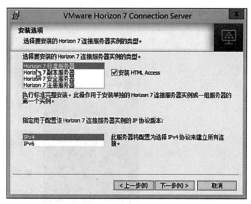

图 12-52　选择 Horizon 7 标准服务器

（6）在【数据恢复】界面，填写数据恢复密码为 Jan16@123，随后单击【下一步】按钮，如图 12-53 所示。

（7）在【防火墙配置】界面，选择【自动配置 Windows 防火墙】选项，随后单击【下一步】按钮，如图 12-54 所示。

（8）在【用户体验提升计划】界面，保持未勾选【加入 VMware 客户体验提升计划】复选框的状态，随后单击【下一步】按钮，如图 12-55 所示。

（9）在【初始 Horizon 7 Administrator】界面，选择【授权特定的域用户或域组】填入 JAN16\administrator，随后单击【下一步】按钮，如图 12-56 所示。

（10）VMware Horizon 7 Connection Server 安装完成，如图 12-57 所示。

图 12-53 填写数据恢复密码

图 12-54 自动配置 Windows 防火墙

图 12-55 加入 VMware 客户体验提升计划

图 12-56 授权特定的域用户或域组

图 12-57 安装完成

（11）在此服务器上，进入 C：\ Program Files \ VMware \ VMware View \ Server \ sslgateway\conf 路径下，如图 12-58 所示。

（12）为连接服务器创建一个名为 locked.properties 的文本文档，如图 12-59 所示。

图 12-58 进入指定路径下

图 12-59 创建文本文档

(13) 使用纯文本编辑器打开 locked.properties 文件。添加以下行:"checkOrigin＝false"。注意,确保在保存 locked.properties 文件后,文件扩展名不是".txt",如图 12-60 所示。

(14) 保存后退出,重启 VMware Horizon 7 Connection Server。

(15) 测试:单击服务器的【Windows】按钮,可查看安装完成的桌面虚拟化组件,如图 12-61 所示。

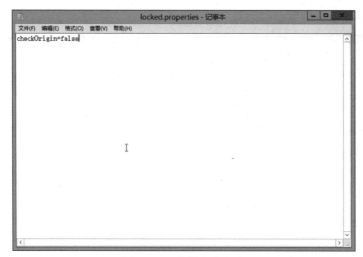

图 12-60　编辑文本内容

图 12-61　查看安装完成的桌面虚拟化组件

**3. 安装 View Composer Server**

（1）View Composer Server 所使用的 Windows Server 2012 R2 系统必须处于激活状态，如图 12-62 所示。

（2）在【服务器管理器】-【仪表板】界面，单击【添加角色和功能】按钮，随后单击【下一步】按钮，出现【功能】界面时勾选【NET Framework 3.5 功能】选项，如图 12-63 所示。

（3）在【确认安装所选内容】界面，单击【指定备用源路径】选项，如图 12-64 所示。

（4）在【指定备用源路径】界面，填写【路径】为 D:\sources\sxs，随后单击【确定】按钮，如图 12-65 所示。

（5）安装过程如图 12-66 所示。

图 12-62　Windows Server 2012 R2 激活状态

图 12-63　添加【NET Framework 3.5 功能】选项

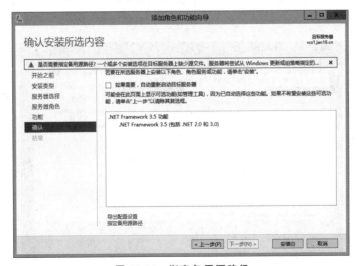

图 12-64　指定备用源路径

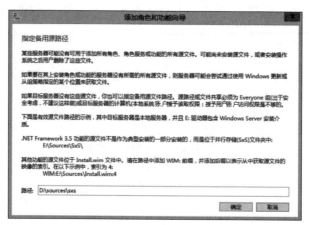

图 12-65　填写路径

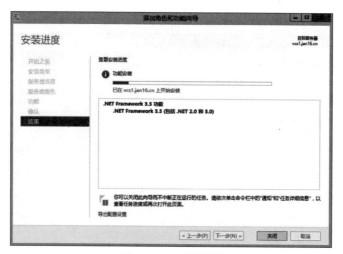

图 12-66　安装过程

（6）在数据存储浏览器界面选择本地存储 datastore1，选中数据存储浏览器页面，在弹出的界面中选择镜像 cn_sql_server_2012_x64.iso，如图 12-67 所示。

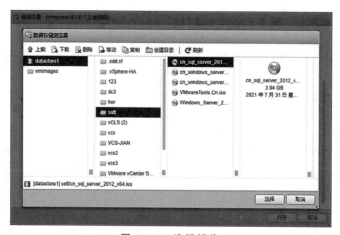

图 12-67　选择镜像

（7）在 Windows Server 2012 R2 系统上打开【文件资源管理器】，单击【DVD 驱动器】，如图 12-68 所示。

图 12-68　单击 DVD 驱动器

（8）SQL Server 2012 安装向导如下。选择【全新 SQL Server 独立安装或向现有安装添加功能】，如图 12-69 所示，根据引导执行下一步操作。

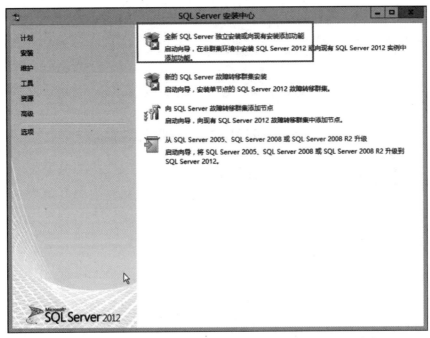

图 12-69　选择【全新 SQL Server 独立安装或向现有安装添加功能】

（9）在【产品密钥】界面，选择【输入产品密钥】，随后单击【下一步】按钮，如图 12-70 所示。

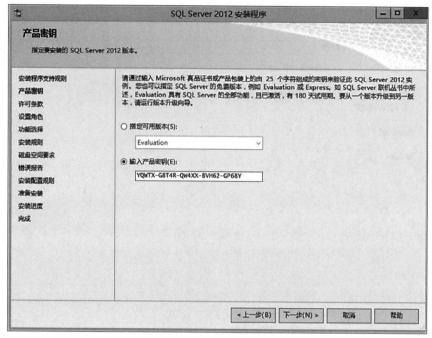

图 12-70　输入产品密钥

（10）在【设置角色】界面，选择【SQL Server 功能安装】，随后单击【下一步】按钮，如图 12-71 所示。

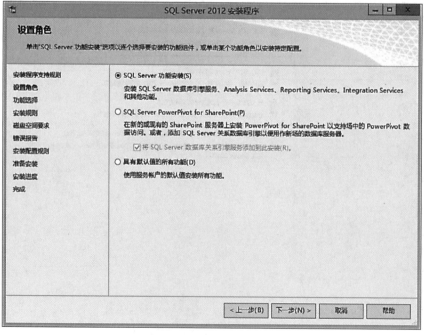

图 12-71　设置角色

（11）在【功能选择】界面，勾选【数据库引擎服务】、【客户端工具连接】、【管理工具-基本】-【管理工具-完整】复选框，其他选项保持默认配置，随后单击【下一步】按钮，如图 12-72所示。

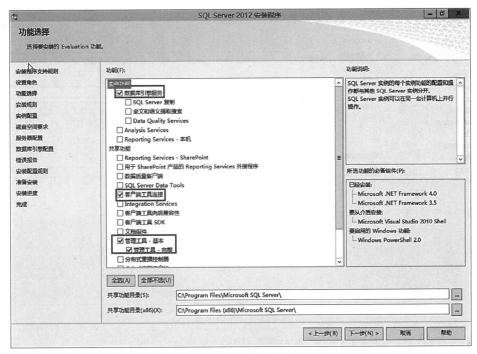

图 12-72　功能选择

（12）在【安装规则】界面，查看安装进度，如图 12-73 所示。

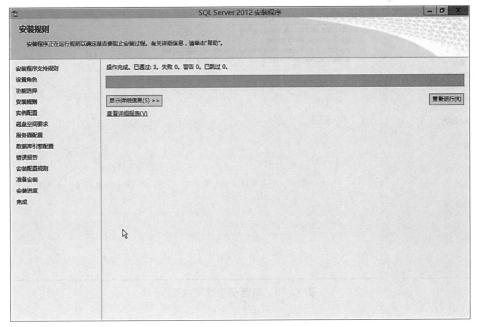

图 12-73　查看安装进度

（13）在【实例配置】界面，选择【命名实例】输入【SQLExpress】，其他选项保持默认配置，随后单击【下一步】按钮，如图 12-74 所示。

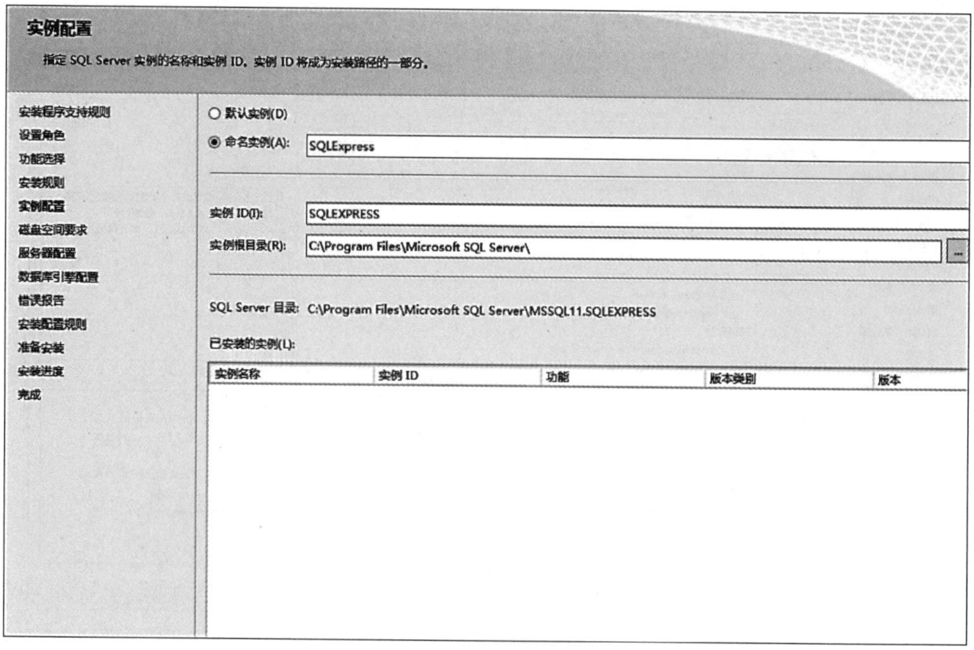

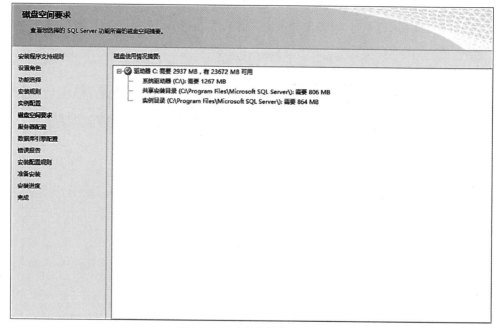

图 12-74　实例配置

（14）在【磁盘空间要求】界面，查看磁盘使用情况摘要，如图 12-75 所示。

图 12-75　磁盘使用情况摘要

（15）【服务器配置】界面，如图 12-76 所示，随后单击【下一步】按钮。

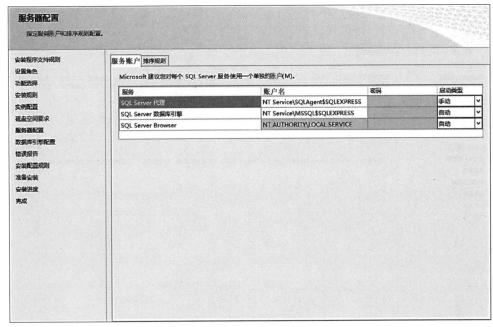

图 12-76　服务器配置

（16）在【数据库引擎配置】界面，单击【添加当前用户】按钮，添加当前用户 Administrator，随后单击【下一步】按钮，如图 12-77 所示。

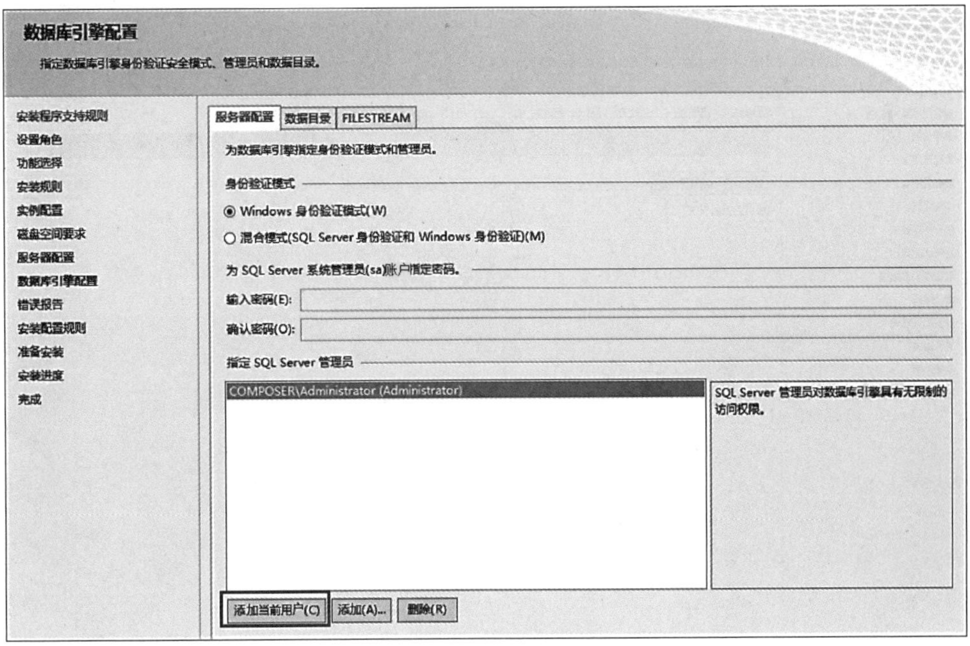

图 12-77　添加当前用户

（17）在【错误报告】界面，查看提示，保持默认配置，随后单击【下一步】按钮，如图 12-78 所示。

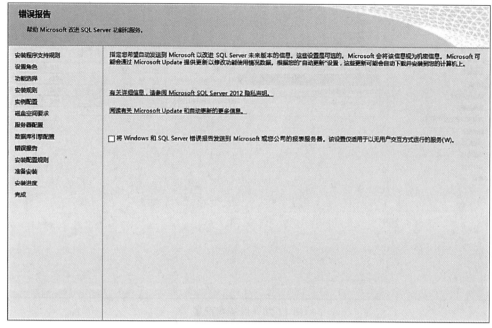

图 12-78　错误报告

（18）在【安装配置规则】界面，查看安装进度，如图 12-79 所示。

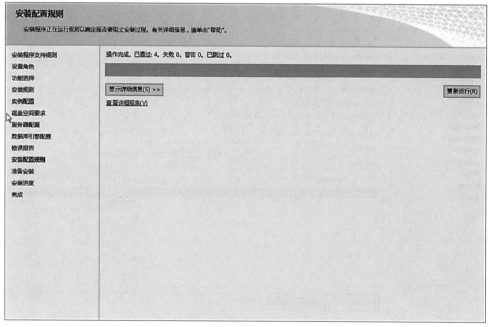

图 12-79　查看安装进度

（19）在【准备安装】界面检查配置无误后，单击【下一步】按钮，如图 12-80 所示。

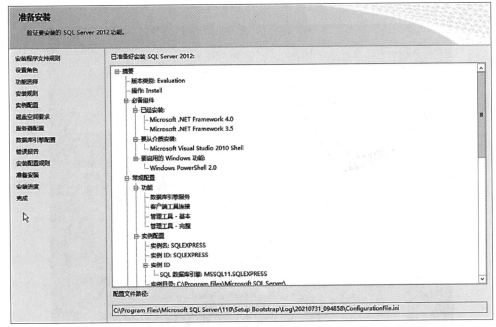

图 12-80 准备安装

（20）SQL Server 2012 安装完成，如图 12-81 所示。

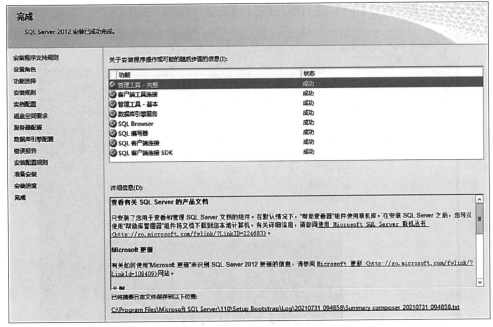

图 12-81 安装完成

（21）单击服务器中的【Windows】按钮，单击【SQL Server Management Studio】服务，如图 12-82 所示。

图 12-82　单击【SQL Server Management Studio】

（22）在弹出的【连接到服务器】界面，填写【服务器名称】为【COMPOSER\sqlexpress】，选择【Windows 身份验证】按钮，随后单击【连接】按钮，如图 12-83 所示。

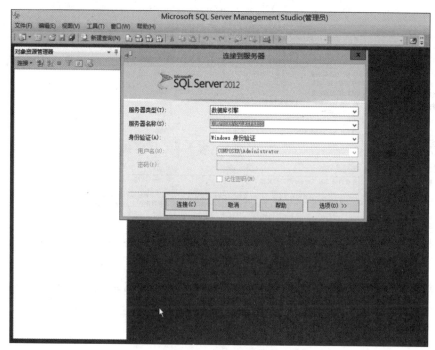

图 12-83　连接到服务器

（23）右击【数据库】文件夹，从弹出的快捷菜单中选择【新建数据库】选项，如图 12-84
所示。

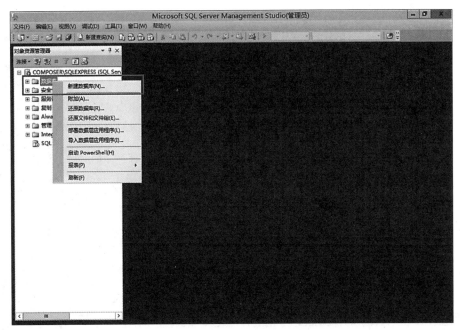

图 12-84　新建数据库

（24）在【新建数据库】界面，填写【数据库名称】为【View-Composer】，随后单击【确定】
按钮，如图 12-85 所示。

图 12-85　输入数据库名称

（25）在左侧导航栏内可查看到 View-Composer 数据库创建完成，如图 12-86 所示。

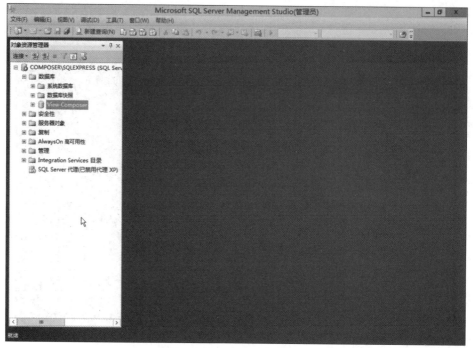

图 12-86　数据库创建完成

（26）在程序中打开【ODBC 数据源（64 位）】，如图 12-87 所示。

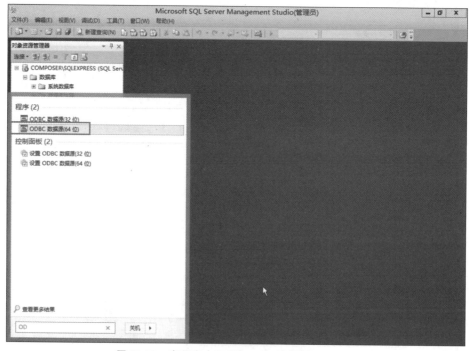

图 12-87　在程序中打开【ODBC 数据源（64 位）】

（27）在弹出的【ODBC 数据源管理程序（64 位）】界面依次单击【系统 DSN】-【添加】按钮，如图 12-88 所示。

**图 12-88 【ODBC 数据源管理程序（64 位）】界面**

（28）选择数据源驱动程序为【SQL Server Native Client 11.0】，如图 12-89 所示。

（29）在【创建到 SQL Server 的新数据源】界面，填写数据源名称为 composer，并输入想连接的【服务器】为 composer\sqlexpress，随后单击【下一步】按钮，如图 12-90 所示。

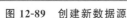

**图 12-89 创建新数据源**      **图 12-90 命名数据源**

（30）在出现的界面保持默认配置，随后单击【下一步】按钮，如图 12-91 所示。

（31）在出现的界面勾选【更改默认的数据库为】并添加数据库名称为 View-Composer，随后单击【下一步】按钮，在出现的下级界面中单击【完成】按钮，如图 12-92 和图 12-93 所示。

（32）在此界面检查配置无误后，单击【测试数据源】按钮，等待一段时间后测试完成，如图 12-94 和图 12-95 所示。

图 12-91　保持默认配置

图 12-92　更改默认的数据库

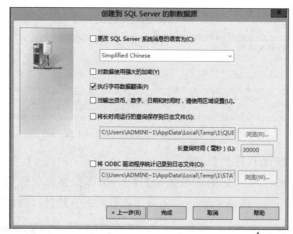

图 12-93　单击完成

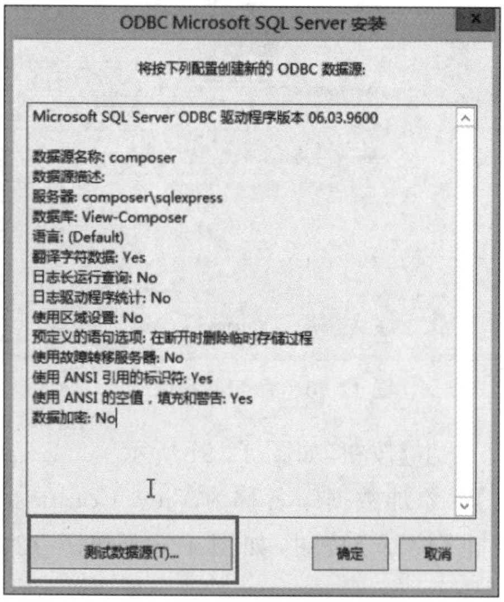

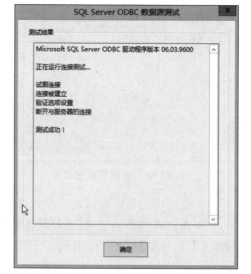

图 12-94　测试数据源

图 12-95　测试完成

（33）切换回【ODBC 数据源管理程序（64 位）】界面，查看添加完成的数据源【composer】，如图 12-96 所示。

图 12-96 查看添加完成的数据源

（34）运行【VMware Horizon 7 Composer】安装程序，单击【Next】按钮，如图 12-97 所示。

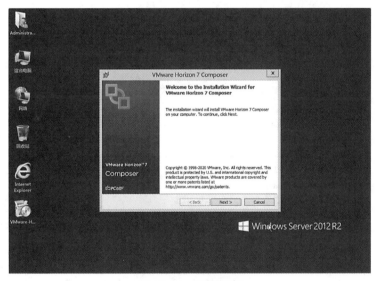

图 12-97 运行程序

（35）在【License Agreement（即许可协议）】界面，选择【I accept the terms in the license agreement】，随后单击【Next】按钮，如图 12-98 所示。

（36）在【Destination Folder（即目标文件夹）】界面，选择安装目录【C:\Program Files（x86）\VMware\VMware View Composer\】，随后单击【Next】按钮，如图 12-99 所示。

（37）在【Database Information（即数据库信息）】界面输入数据源名称为【composer】，随后单击【Next】按钮，如图 12-100 所示。

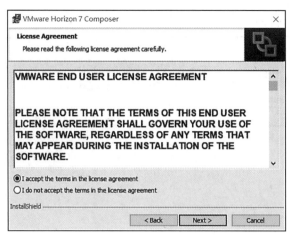

图 12-98　接受协议

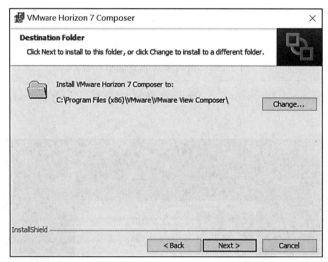

图 12-99　选择安装目录

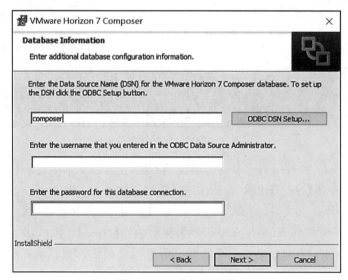

图 12-100　选择数据源

（38）在【VMware Horizon 7 Composer Port Settings（即端口设置）】界面填写端口号为【18443】，随后单击【Next】按钮，如图 12-101 所示。

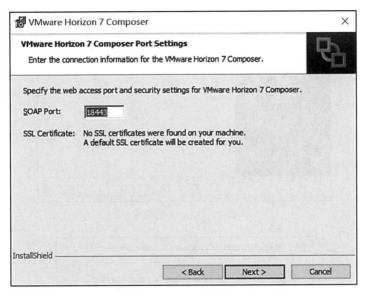

图 12-101  选择端口

（39）在【Ready to Install the Program（即确认安装）】界面，检查配置无误后，单击【Install】按钮开始安装，如图 12-102 所示。

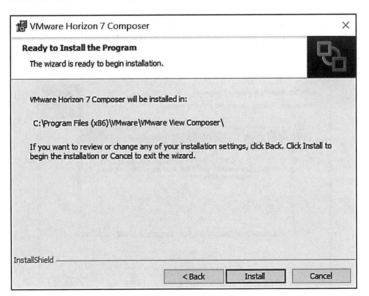

图 12-102  开始安装

（40）安装完成，如图 12-103 所示。

（41）安装完成后，提示需要重启操作系统，以便完成配置的更改，单击【Yes】按钮，如图 12-104 所示。

（42）在程序安装的过程中可能出现 VMware Horizon 7 Composer 服务开启失败的提

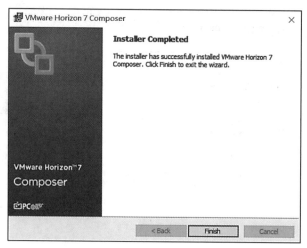

图 12-103　安装完成

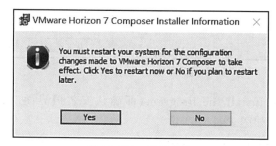

图 12-104　重新启动

示,如图 12-105 所示。

图 12-105　开启失败的提示

（43）依次单击【计算机管理】-【服务和应用程序】-【服务】,右击【VMware Horizon 7 Composer】选项,在弹出的快捷菜单中单击【属性】,如图 12-106 所示。

（44）在【VMware Horizon 7 Composer 的属性(本地计算机)】界面内更改登录账户,授予 Administrator 用户权限,随后单击【确定】按钮,如图 12-107 和图 12-108 所示。

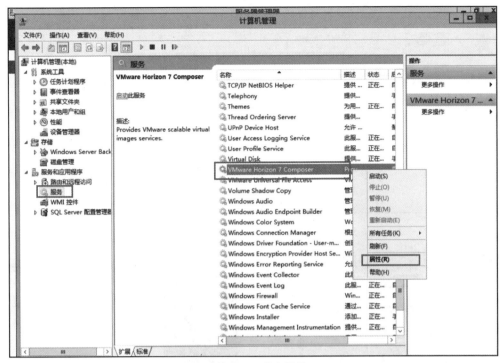

图 12-106　单击属性

图 12-107　更改登录用户

图 12-108　授予权限

（45）完成用户授权后在【服务】界面，右击【VMware Horizon 7 Composer】服务，从弹出的快捷菜单中选择【重启动此服务】选项，如图 12-109 所示。

（46）回到安装程序内，单击【Retry】按钮重试，如图 12-110 所示。

（47）安装完成，如图 12-111 所示。

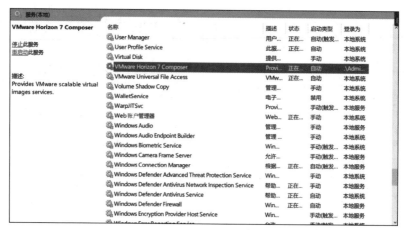

图 12-109　重启动服务

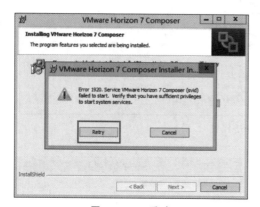

图 12-110　重试

图 12-111　安装完成

（48）View Composer Server 重启后，在【服务器管理器】-【仪表板】中添加【媒体基础】、【墨迹和手写服务】和【桌面体验】3 个功能，如图 12-112 和图 12-113 所示。

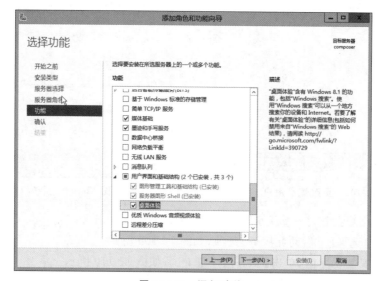

图 12-112　添加功能

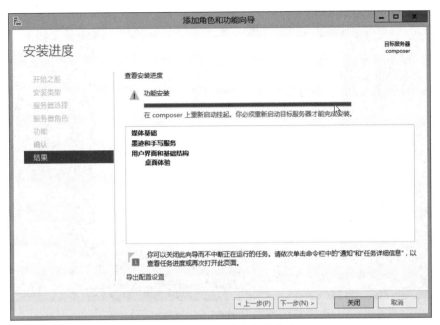

图 12-113　3 个功能安装完成

（49）在浏览器中访问 View Composer Server 地址，格式为 https://IP 地址/admin（如果没有 Flash 插件，可以使用 QQ 浏览器），如图 12-114 所示。

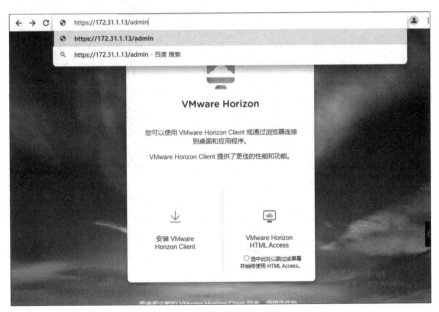

图 12-114　浏览器登录

（50）成功访问后，单击 Horizon Administrator(Flex) 选项下的【启动】按钮，如图 12-115 所示。

（51）在登录界面填写【用户名】为【administrator】，【密码】为【Jan16@123】，【域】为【JAN16】，如图 12-116 所示。

图 12-115　启动 Horizon Administrator（Flex）

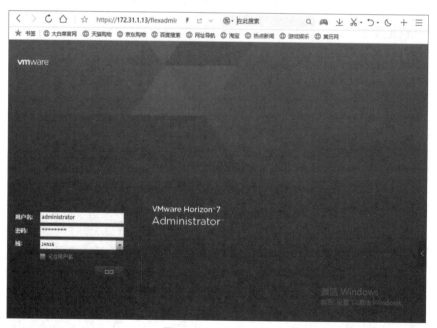

图 12-116　登录用户

（52）进入页面后，在菜单栏【清单】中单击【编辑许可证】，输入许可证序列号，如图 12-117 所示。

（53）产品许可证使用情况，如图 12-118 所示。

（54）在【清单】中单击【View 配置】，再单击【服务器】选项，最后单击【添加】按钮，如图 12-119 所示。

（55）配置 vCenter Server，填写 vCenter Server 信息，如图 12-120 所示。

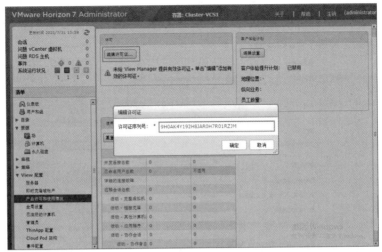

图 12-117　输入许可证序列号

图 12-118　产品许可证使用情况

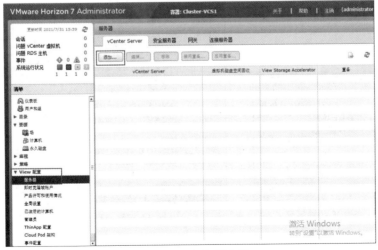

图 12-119　添加服务器

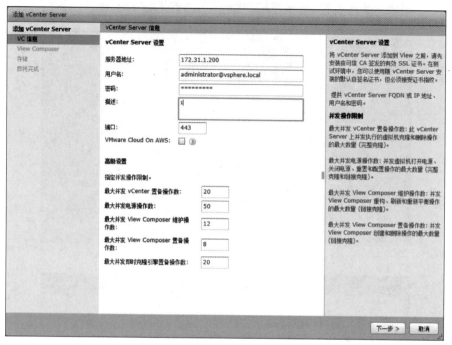

图 12-120  填写 vCenter Server 信息

（56）查看证书并接受，如图 12-121 和图 12-122 所示。

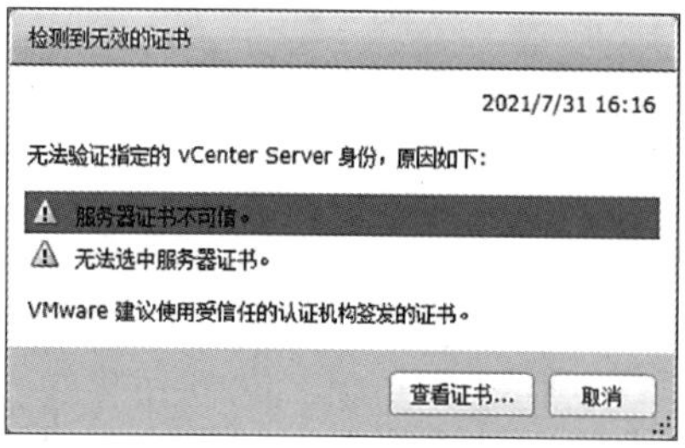

图 12-121  查看证书并接受

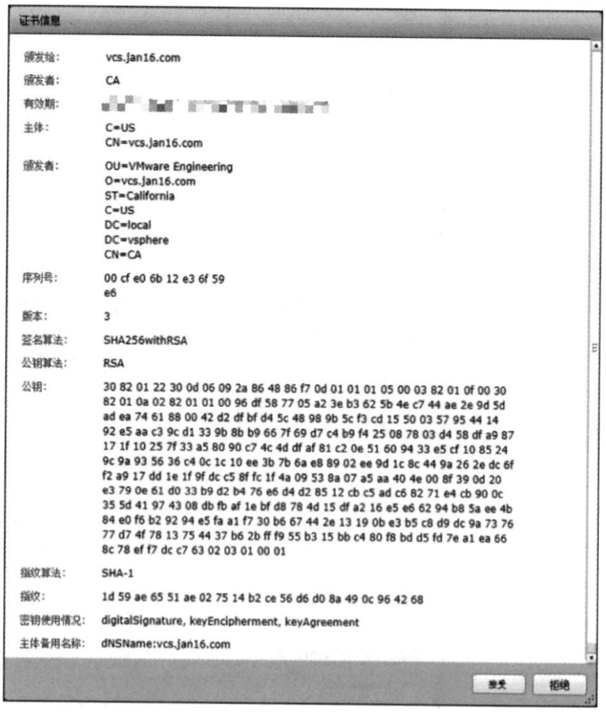

图 12-122  vCenter Server 证书信息

（57）配置 View Composer 服务器，勾选【独立的 View Composer Server】并填写相关信息，如图 12-123 所示。

图 12-123　勾选【独立的 View Composer Server】

（58）查看证书并接受，如图 12-124 所示。

图 12-124　Composer 证书信息

（59）添加域账户（该账户为域控制器所创建的用户），如图 12-125 所示。

（60）在【存储设置】界面，勾选【回收虚拟机磁盘空间】、【启用 View Storage Accelerator】选项，如图 12-126 所示，然后单击【下一步】按钮。

（61）View 配置即将完成，如图 12-127 所示。

（62）测试步骤如下。

① 在【服务器-vCenter Server】界面，单击下方的【172.31.1.200】服务器，如图 12-128 所示。

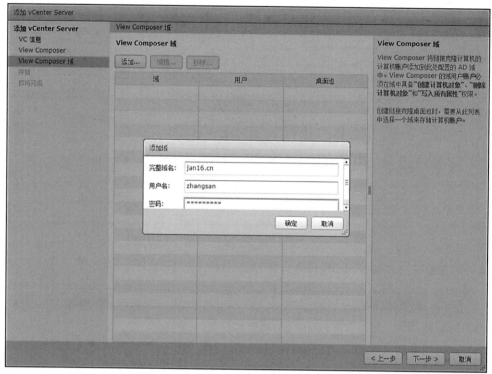

图 12-125　添加域

图 12-126　存储设置

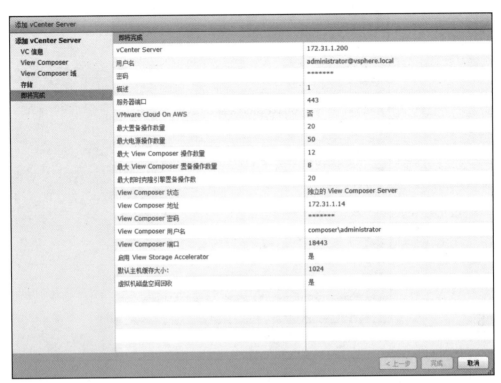

图 12-127 View 配置即将完成

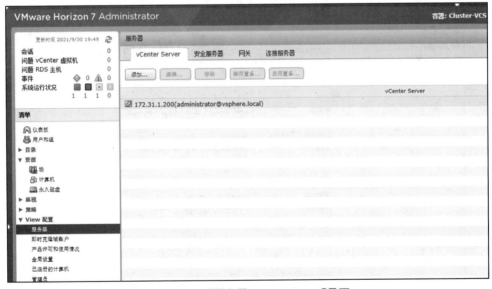

图 12-128 【服务器-vCenter Server】界面

② 可以查看到【VMware Horizon 7 Administrator】能成功显示服务器的建成信息，如图 12-129 所示。

**4. 制作和优化模板虚拟机**

（1）安装一台 Windows 10 客户机。版本为 Windows 10 企业版，如图 12-130 所示。

图 12-129　服务器建成

图 12-130　Windows 激活

（2）右击【此电脑】进入【系统属性】，单击【系统保护】选项卡，如图 12-131 所示。

（3）单击【配置】进入弹窗，如图 12-132 所示。

（4）单击【删除】按钮，删除此驱动器的所有还原点，如图 12-133 所示。

（5）单击【继续】按钮回到【系统属性】界面，进入【高级】选项卡，如图 12-134 所示。

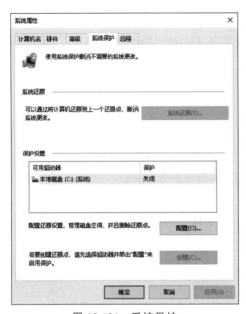

图 12-131　系统保护

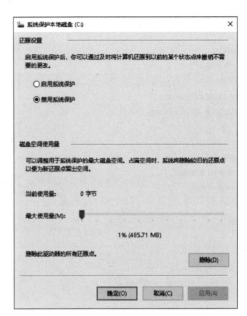

图 12-132　系统保护本地磁盘

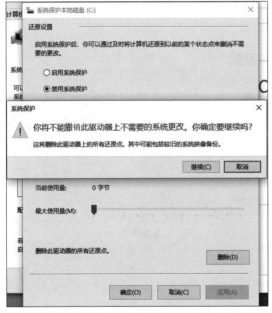

图 12-133　删除此驱动器的所有还原点

图 12-134　【高级】选项卡

（6）单击【启动和故障恢复】的【设置】选项，将页面所有选项框取消勾选，在【写入调试信息】中选择【无】，如图 12-135 所示。

（7）回到【系统属性】界面，进入【远程】选项卡，选择【允许远程连接到此计算机】，如图 12-136 所示。

（8）在计算机【设置】中，单击【电源和睡眠】，在【屏幕】选项卡中选择【从不】，如图 12-137 所示。

图 12-135　启动和故障恢复

图 12-136　更改远程访问设置

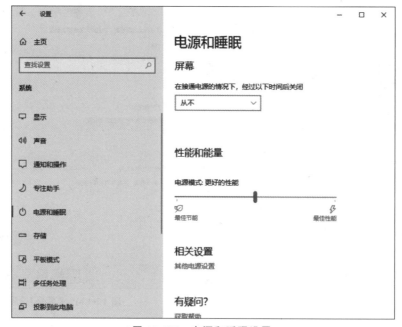

图 12-137　电源和睡眠设置

（9）在【设置】中进入【声音】选项卡，如图 12-138 所示。

（10）在【声音方案】中选择【无声】，如图 12-139 所示。

（11）在本地磁盘中单击【属性】，如图 12-140 所示。磁盘属性如图 12-141 所示。

（12）单击【磁盘清理】，在弹出页面中单击【清理系统文件】，如图 12-142 所示，完成系统文件清理。

图 12-138　声音设置

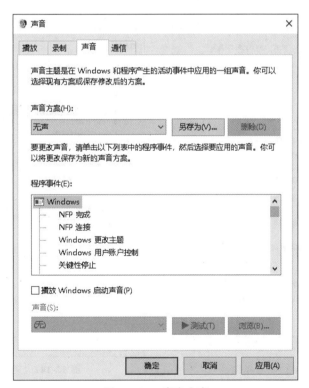

图 12-139　声音方案

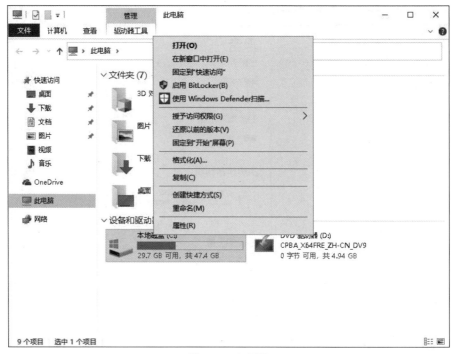

图 12-140　属性

图 12-141　磁盘属性

图 12-142　磁盘清理

（13）打开网络配置【属性】，取消勾选【Internet 协议版本 6】，如图 12-143 所示。

（14）双击【Internet 协议版本 4（TCP/IPv4）属性】进行编辑，勾选【自动获得 IP 地址】与【自动获得 DNS 服务器地址】，如图 12-144 所示。

图 12-143　网络配置【属性】

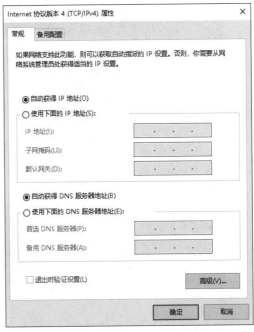

图 12-144　编辑"Internet 协议版本 4"

（15）在【控制面板】中打开【安全和维护】，单击【更改用户账户控制设置】，将【通知登记】拉到最低的【从不通知】，再单击【确定】按钮，如图 12-145 所示。

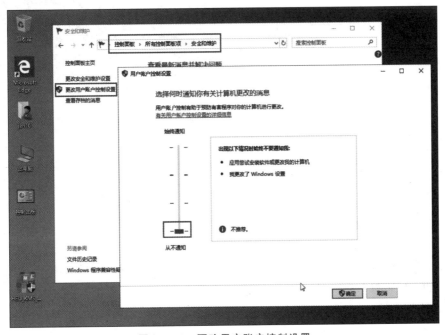

图 12-145　更改用户账户控制设置

（16）安装 VMware Horizon Agent，安装向导如图 12-146 所示。

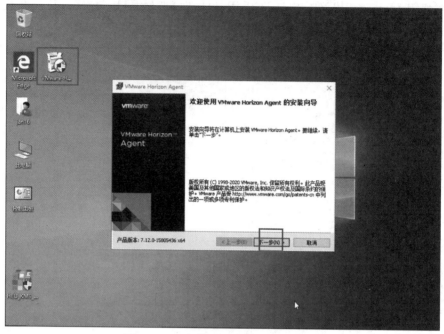

图 12-146　安装 VMware Horizon Agent

（17）选择【我接受许可协议中的条款】，如图 12-147 所示。

（18）默认【IPv4】选项，单击【下一步】按钮，如图 12-148 所示。

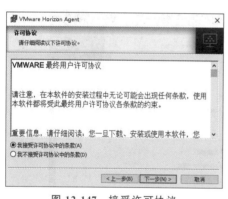

图 12-147　接受许可协议

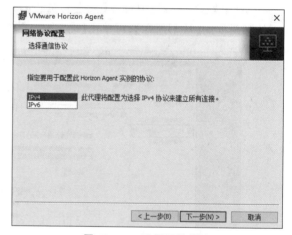

图 12-148　配置网络协议

（19）单击【USB 重定向】下拉框，选择第 2 个选项，如图 12-149 所示。

（20）安装完成，如图 12-150 所示。

（21）进入【Windows Defender 防火墙】，检查是否已存在"VMware Horizon Blast Protocol"规则，如图 12-151 所示。

（22）在【VMware Horizon 7 Administrator】界面，选择【策略】中的【全局策略】，编辑策略，如图 12-152 所示。

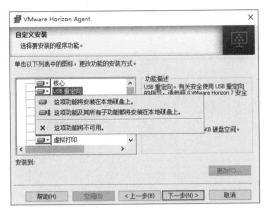

图 12-149　USB 重定向

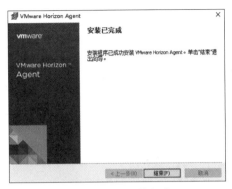

图 12-150　安装完成

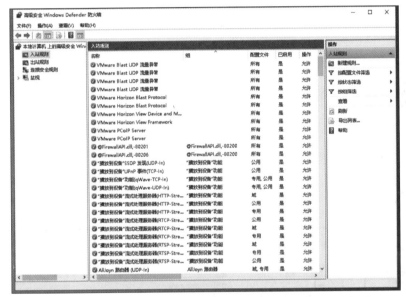

图 12-151　检查是否已存在"VMware Horizon Blast Protocol"规则

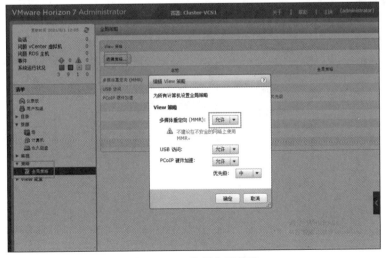

图 12-152　编辑全局策略

（23）为了能对系统文件进行执行操作，需要用到管理员用户。进入【计算机管理】，对Administrator 用户取消禁用，如图 12-153 所示。

图 12-153　对 Administrator 用户取消禁用

（24）设置密码，如图 12-154 所示。

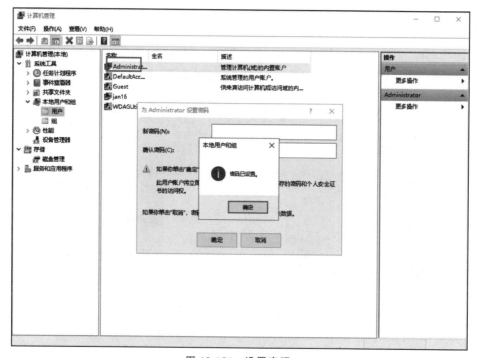

图 12-154　设置密码

（25）注销计算机，再以 Administrator 登录，如图 12-155 所示。

图 12-155  以 Administrator 登录

（26）进入文档，单击【查看】，再勾选【隐藏的项目】，并单击【更改文件夹和搜索选项】，如图 12-156 所示。

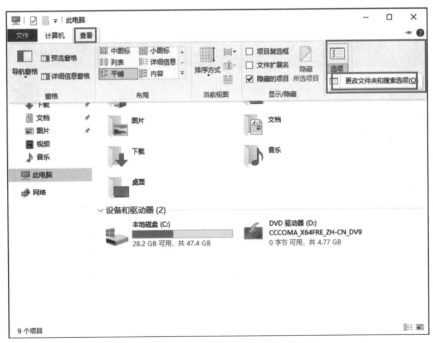

图 12-156  更改文件夹和搜索选项

（27）在【文件夹选项】的【查看】栏目中，取消勾选【隐藏受保护的操作系统文件】选项，如图 12-157 所示。

（28）在【本地磁盘】中进入用户路径"C：\Users\【用户名】"，找到 AppData 文件夹并进

图 12-157　取消勾选

行复制，如图 12-158 所示。

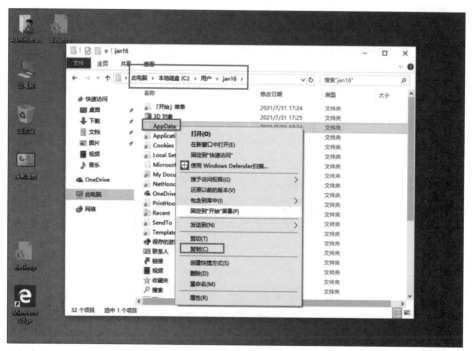

图 12-158　复制文件

（29）转到"C:\Users\Default"目录下进行粘贴，如图 12-159 所示。

（30）以普通用户登录，如图 12-160 所示。

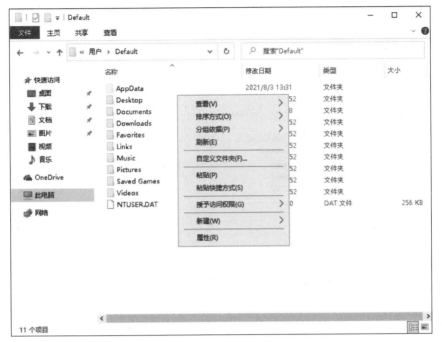

图 12-159  粘贴文件

图 12-160  登录普通用户

（31）此时暂时不再需要管理员用户，禁用管理员用户，如图 12-161 所示。

（32）关闭父虚拟机，拍摄快照，如图 12-162 所示。

（33）测试：父虚拟机建成，如图 12-163 所示。

**5. 配置 VMware Horizon View 发布 Windows 10 虚拟桌面**

（1）此"资源池"是存储那些以父虚拟机为模板克隆出来的主机所放置的地方。首先进入 vSphere Client Web 管理页面，如图 12-164 所示。

图 12-161　禁用管理员用户

图 12-162　关闭父虚拟机并拍摄快照

图 12-163　父虚拟机建成

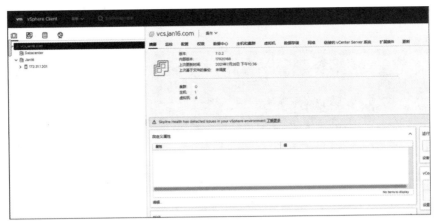

图 12-164 进入 vSphere 管理页面

（2）右击父虚拟机所属的 ESXi 主机，单击【新建资源池】，如图 12-165 所示。

图 12-165 新建资源池

（3）填写资源池名称，其他信息选择默认参数，如图 12-166 所示。

图 12-166 填写资源池名称

（4）进入【目录】下的【桌面池】中，单击【访问组】，在【添加访问组】填写名称，如图 12-167 所示。

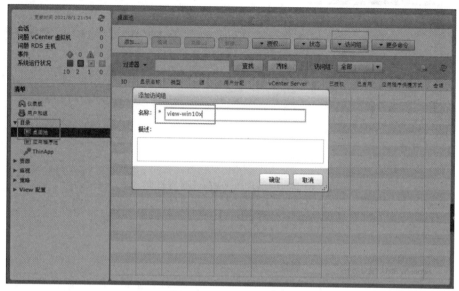

图 12-167　添加访问组

（5）在【桌面池】界面，单击【添加】进行桌面池添加，如图 12-168 所示。

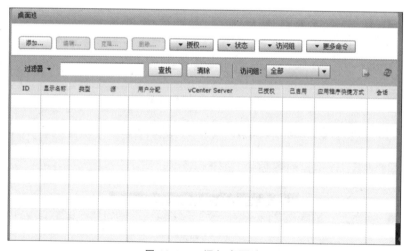

图 12-168　添加桌面池

（6）在【添加桌面池】界面，选择【自动桌面池】类型，再单击【下一步】按钮，如图 12-169 所示。

（7）选择【专用】，单击【下一步】按钮，如图 12-170 所示。

（8）选择【View Composer 链接克隆】，如图 12-171 所示。

（9）在【桌面池标识】中填写相关信息，如图 12-172 所示。

（10）【远程显示协议】勾选选项，如图 12-173 所示。

（11）填写【命名模式】和【计算机的最大数量】，如图 12-174 所示。

图 12-169　选择【自动桌面池】类型

图 12-170　用户分配

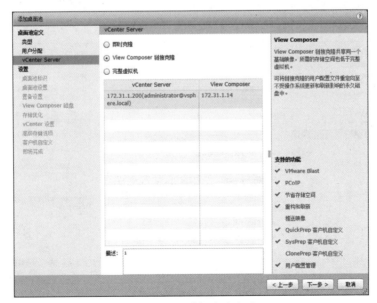

图 12-171　选择克隆方式

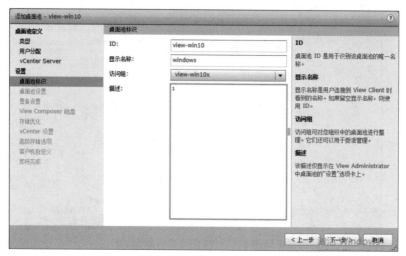

图 12-172　填写相关信息

图 12-173　远程显示协议

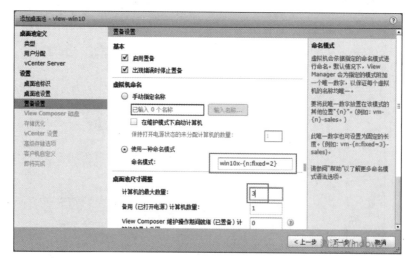

图 12-174　置备设置

（12）【View Composer 磁盘】选项为默认配置，单击【下一步】按钮，如图 12-175 所示。

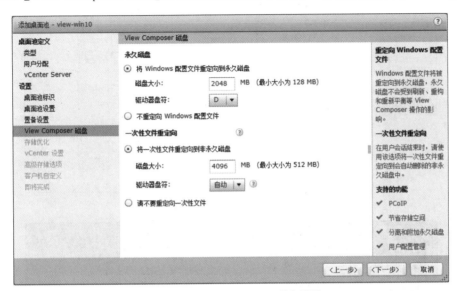

图 12-175　View Composer 磁盘设置

（13）【存储优化】选项为默认配置，单击【下一步】按钮，如图 12-176 所示。

图 12-176　存储优化

（14）填写 vCenter 设置，单击【浏览】按钮，如图 12-177 所示。

（15）选择父虚拟机，如图 12-178 所示。

（16）选择默认映像，如图 12-179 所示。

（17）选择用于存储虚拟机的文件夹，此处为"Jan16"数据中心，如图 12-180 所示。

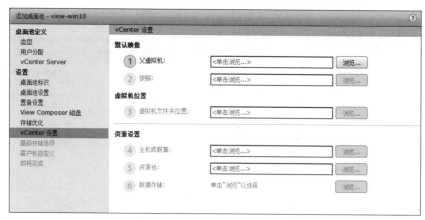

图 12-177　vCenter 设置

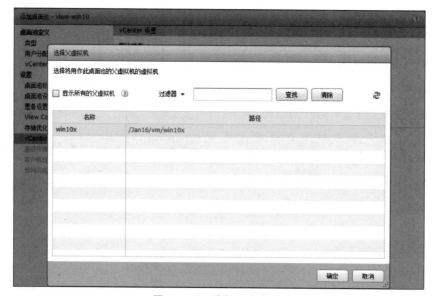

图 12-178　选择父虚拟机

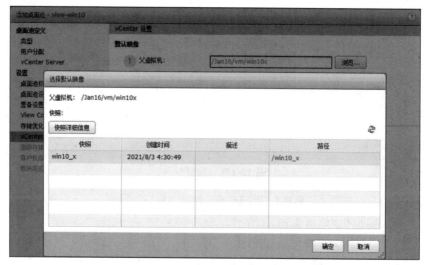

图 12-179　选择默认映像

图 12-180　选择用于存储虚拟机的文件夹

（18）选择用于运行为此桌面池创建的虚拟机的主机或集群，如图 12-181 所示。

图 12-181　选择主机或集群

（19）选择资源池，如图 12-182 所示。

（20）选择链接克隆数据存储，如图 12-183 所示。全部填写完毕后，单击【确定】按钮。

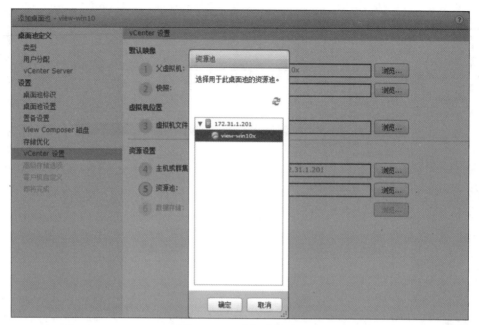

图 12-182　选择资源池

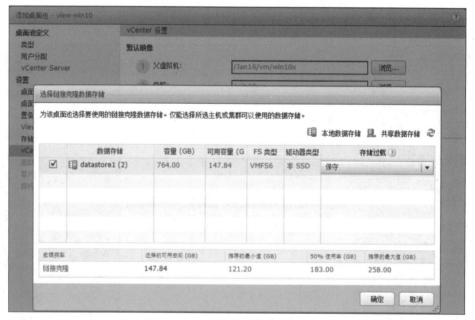

图 12-183　选择链接克隆数据存储

（21）【高级存储选项】为默认配置，然后单击【下一步】按钮，如图 12-184 所示。

（22）勾选【允许重新使用已存在的计算机账户】，然后单击【浏览】按钮，如图 12-185 所示。

（23）选择 AD 容器，如图 12-186 所示，然后单击【确定】按钮。

（24）配置完成，如图 12-187 所示。

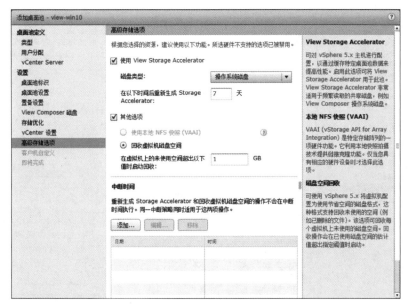

图 12-184　高级存储选项

图 12-185　客户机自定义

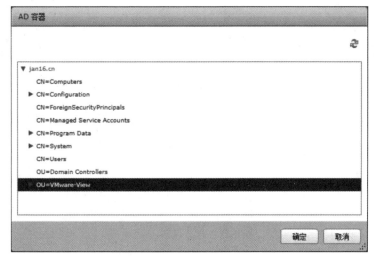

图 12-186　选择 AD 容器

图 12-187　配置完成

（25）完成配置后，在【授权】页面添加用户，如图 12-188 所示。

图 12-188　添加授权

（26）桌面池配置完成，如图 12-189 所示。

（27）等一段时间，系统自动生成 3 台计算机，如图 12-190 所示。

（28）在"vCenter"上可以看见生成的计算机，如图 12-191 所示。

（29）测试：桌面池添加成功，如图 12-192 所示。

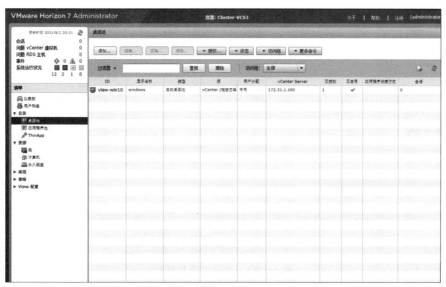

图 12-189　桌面池配置完成

图 12-190　生成 3 台计算机

图 12-191　在"vCenter"上显示生成的计算机

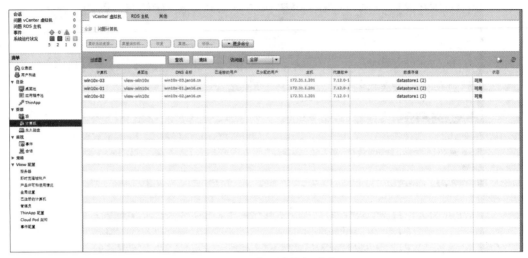

图 12-192　桌面池添加成功

### 6. 连接云桌面

（1）由于在登录云桌面的主机上没有 vcs 服务器的域名信息，所以不能直接解析 IP 地址 172.31.1.1，需要手动在系统 hosts 文件添加 vcs 服务器域名信息。以管理员身份进入 Windows，打开路径"C:\Windows\System32\drivers\etc"，如图 12-193 所示。

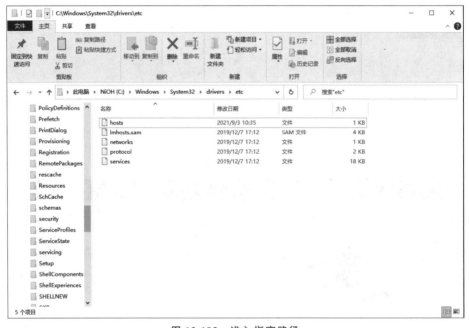

图 12-193　进入指定路径

（2）以记事本打开方式打开 hosts 文件，将所有文本内容进行复制，然后退出，如图 12-194 所示。

（3）再以管理员身份打开 PowerShell 或者"命令提示符"，键入 notepad，如图 12-195 所示。

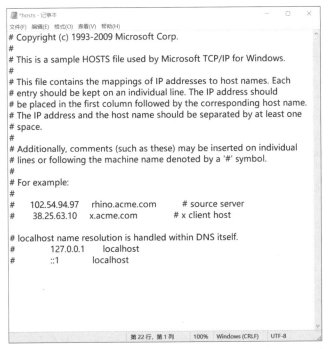

图 12-194　hosts 文件文本内容

图 12-195　以管理员身份打开 PowerShell

（4）在弹出的记事本中粘贴刚才复制的文本，并在下方补充 vcs 服务器的 IP 地址和对应域名"172.31.1.13 vcs1.jan16.cn"，如图 12-196 所示。

（5）保存后退出。

（6）在浏览器中，打开 VMware Horizon 管理页面，单击【VMware Horizon HTML Access】，如图 12-197 所示。

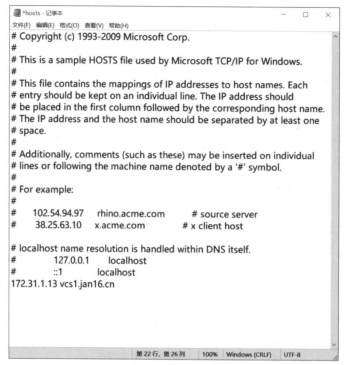

图 12-196　补充 vcs 域名和 IP 地址信息

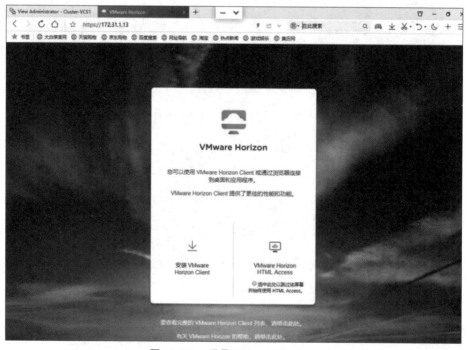

图 12-197　登录 VMware Horizon

（7）输入被授权的账户，如图 12-198 所示。

（8）单击【windows】，进入该桌面池，如图 12-199 所示。

图 12-198　输入被授权的账户

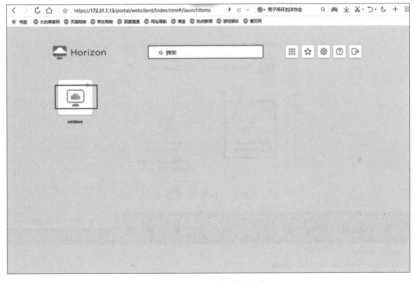

图 12-199　进入桌面池

（9）通过 view1 用户进入该桌面池后成功登录生成的 Windows 10 桌面，如图 12-200 所示。

（10）登录连接服务器的 IP 或者域名访问连接服务器，单击【安装 VMware Horizon Client】，如图 12-201 所示。

（11）获取客户端 Client 下载地址，如图 12-202 所示。

（12）选择对应的版本下载，如图 12-203 所示。

（13）安装 VMware Horizon Client，双击下载的程序，等待安装完成后重启，如图 12-204 所示。

（14）输入服务器名称，如图 12-205 所示。

图 12-200　成功登录生成的 Windows 10 桌面

图 12-201　下载登录服务器

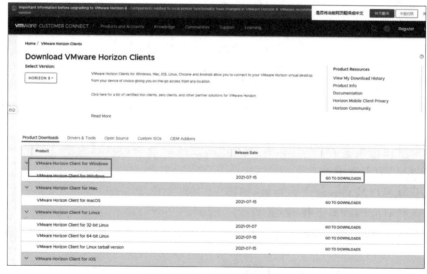

图 12-202　获取下载地址

图 12-203 选择对应的版本下载

图 12-204 安装完成

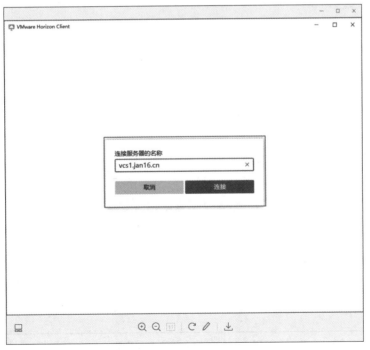

图 12-205 输入服务器名称

（15）单击【继续】按钮，接受证书，如图 12-206 所示。

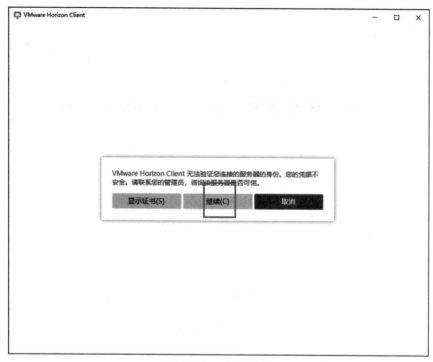

图 12-206　接受证书

（16）输入访问的用户名和密码，如图 12-207 所示。

图 12-207　输入用户名和密码

（17）成功访问 View 桌面应用客户端版，如图 12-208 所示。

图 12-208　成功访问 View 桌面应用客户端版

（18）测试步骤如下。

① 通过 view1 用户进入该桌面池后成功登录生成的 Windows 10 桌面，如图 12-209 所示。

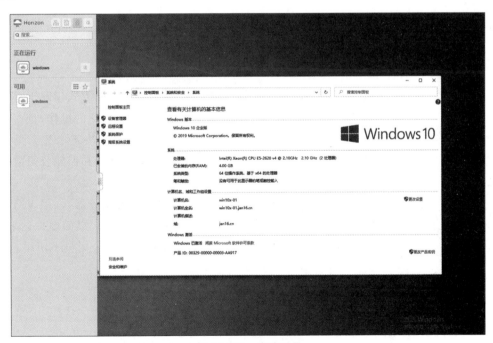

图 12-209　成功登录

② 成功访问 View 桌面应用客户端版，如图 12-210 所示。

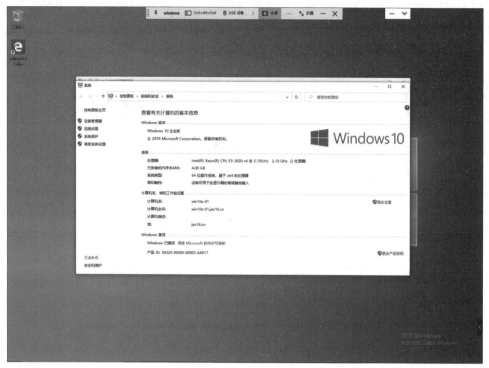

图 12-210　成功访问 View 桌面应用客户端版

## 12.5　实验任务：配置 VMware Horizon View 域环境

### 12.5.1　任务简介

正月十六,公司已经实现了公司虚拟化架构的全面转型,但虚拟化的方式仅限于对外业务部门,内部员工仍然是单机办公模式,办公效率并不高,无法做到个性化的操作,且存在设备投资维护成本高和数据迁移较为烦琐等问题。公司经过考察和研究,决定搭建云桌面平台,实现员工桌面的集中管理、控制,以满足终端用户个性化、移动化办公和保障公司数据安全的需求。

公司经过调研后,决定在原本的虚拟化架构上增添若干台高性能服务器,采用 VMware vSphere 搭建虚拟化平台。虚拟化技术人员部署 VMware Horizon View 桌面虚拟化平台,使用 Windows 10 制作父虚拟机,并将以此为基础的虚拟化桌面发布给公司员工使用。

### 12.5.2　任务设计

云桌面系统的总体架构如图 12-6 所示。

系统管理员的工作任务如下。

在信息中心已搭建好的私有云平台基础上,搭建 vCenter Server、Connection Server、Composer 和 SQL Server,制作"view"桌面发布到 Internet 上,使职工用户可以通过"view client"或"view client with local mode"直接使用在线或离线的 Windows 10"view"桌面。各

服务器系统部署规划如表 12-1 所示。节点、账号、密码如表 12-2 所示。各主机硬件配置信息如表 12-3 所示。

### 12.5.3　实验报告

完成以上内容,并完成实验报告。实验至少包含以下内容。

(1) 使用客户端 PC 正确加入 Jan16.cn 域。

(2) 接入到域内网络能够正确获取域内 DHCP 服务器分配的 IP 地址。

(3) 客户端 PC 域名服务器指向域控制器,能够正确解析对应的域名。

## 12.6　实验任务:安装 View Connection Server 服务器

### 12.6.1　任务简介

正月十六,公司已经实现了公司虚拟化架构的全面转型,但虚拟化的方式仅限于对外业务部门,内部员工仍然是单机办公模式,办公效率并不高,无法做到个性化的操作,且存在设备投资维护成本高和数据迁移较为烦琐等问题。公司经过考察和研究,决定搭建云桌面平台,实现员工桌面的集中管理、控制,以满足终端用户个性化、移动化办公和保障公司数据安全的需求。

公司经过调研后,决定在原本的虚拟化架构上增添若干台高性能服务器,采用 VMware vSphere 搭建虚拟化平台。虚拟化技术人员部署 VMware Horizon View 桌面虚拟化平台,使用 Windows 10 制作父虚拟机,并将以此为基础的虚拟化桌面发布给公司员工使用。

### 12.6.2　任务设计

云桌面系统的总体架构如图 12-6 所示。

系统管理员的工作任务如下。

在信息中心已搭建好的私有云平台基础上,搭建 vCenter Server、Connection Server、Composer 和 SQL Server,制作"view"桌面发布到 Internet 上,使职工用户可以通过"view client"或"view client with local mode"直接使用在线或离线的 Windows 10"view"桌面。各服务器系统部署规划如表 12-1 所示。节点、账号、密码如表 12-2 所示。各主机硬件配置信息如表 12-3 所示。

### 12.6.3　实验报告

完成以上内容,并完成实验报告。实验至少包含以下内容。

在安装 VCS 的服务器内打开 Windows 管理,能够查看到成功安装的 VCS 组件。

## 12.7　实验任务:安装 View Composer Server 服务器

### 12.7.1　任务简介

正月十六,公司已经实现了公司虚拟化架构的全面转型,但虚拟化的方式仅限于对外业务部门,内部员工仍然是单机办公模式,办公效率并不高,无法做到个性化的操作,且存在设备投资维护成本高和数据迁移较为烦琐等问题。公司经过考察和研究,决定搭建云桌面平台,实现员工桌面的集中管理、控制,以满足终端用户个性化、移动化办公和保障公司数据安全的需求。

公司经过调研后,决定在原本的虚拟化架构上增添若干台高性能服务器,采用 VMware vSphere 搭建虚拟化平台。虚拟化技术人员部署 VMware Horizon View 桌面虚拟化平台,使用 Windows 10 制作父虚拟机,并将以此为基础的虚拟化桌面发布给公司员工使用。

### 12.7.2　任务设计

云桌面系统的总体架构如图 12-6 所示。

系统管理员的工作任务如下。

在信息中心已搭建好的私有云平台基础上,搭建 vCenter Server、Connection Server、Composer 和 SQL Server,制作"view"桌面发布到 Internet 上,使职工用户可以通过"view client"或"view client with local mode"直接使用在线或离线的 Windows 10"view"桌面。各服务器系统部署规划如表 12-1 所示。节点、账号、密码如表 12-2 所示。各主机硬件配置信息如表 12-3 所示。

### 12.7.3　实验报告

完成以上内容,并完成实验报告。实验至少包含以下内容。

(1) 可观察到 Horizon 7 内成功连接 vCenter Server 平台。

(2) 可观察到 Horizon 7 内成功连接 View Composer Server 平台。

## 12.8　实验任务:制作和优化模板虚拟机

### 12.8.1　任务简介

正月十六,公司已经实现了公司虚拟化架构的全面转型,但虚拟化的方式仅限于对外业务部门,内部员工仍然是单机办公模式,办公效率并不高,无法做到个性化的操作,且存在设备投资维护成本高和数据迁移较为烦琐等问题。公司经过考察和研究,决定搭建云桌面平台,实现员工桌面的集中管理、控制,以满足终端用户个性化、移动化办公和保障公司数据安全的需求。

公司经过调研后,决定在原本的虚拟化架构上增添若干台高性能服务器,采用 VMware vSphere 搭建虚拟化平台。虚拟化技术人员部署 VMware Horizon View 桌面虚拟化平台,使用 Windows 10 制作父虚拟机,并将以此为基础的虚拟化桌面发布给公司员工使用。

### 12.8.2　任务设计

云桌面系统的总体架构如图 12-6 所示。

系统管理员的工作任务如下。

在信息中心已搭建好的私有云平台基础上,搭建 vCenter Server、Connection Server、

Composer 和 SQL Server，制作"view"桌面发布到 Internet 上，使职工用户可以通过"view client"或"view client with local mode"直接使用在线或离线的 Windows 10"view"桌面。各服务器系统部署规划如表 12-1 所示。节点、账号、密码如表 12-2 所示。各主机硬件配置信息如表 12-3 所示。

### 12.8.3　实验报告

完成以上内容，并完成实验报告。实验至少包含以下内容。

（1）可观察到在 ESXi-4 主机上创建了 Win10 虚拟机。

（2）Win10 虚拟机已经保存了快照。

（3）查看 AppData 文件是否复制到规划要求的位置。

## 12.9　实验任务：配置 VMware Horizon View 发布 Windows 10 虚拟桌面

### 12.9.1　任务简介

正月十六，公司已经实现公司虚拟化架构的全面转型，但虚拟化的方式仅限于对外业务部门，内部员工仍然是单机办公模式，办公效率并不高，无法做到个性化的操作，且存在设备投资维护成本高和数据迁移较为烦琐等问题。公司经过考察和研究，决定搭建云桌面平台，实现员工桌面的集中管理、控制，以满足终端用户个性化、移动化办公和保障公司数据安全的需求。

公司经过调研后，决定在原本的虚拟化架构上增添若干台高性能服务器，采用 VMware vSphere 搭建虚拟化平台。虚拟化技术人员部署 VMware Horizon View 桌面虚拟化平台，使用 Windows 10 制作父虚拟机，并将以此为基础的虚拟化桌面发布给公司员工使用。

### 12.9.2　任务设计

云桌面系统的总体架构如图 12-6 所示。

系统管理员的工作任务如下。

在信息中心已搭建好的私有云平台基础上，搭建 vCenter Server、Connection Server、Composer 和 SQL Server，制作"view"桌面发布到 Internet 上，使职工用户可以通过"view client"或"view client with local mode"直接使用在线或离线的 Windows 10"view"桌面。各服务器系统部署规划如表 12-1 所示。节点、账号、密码如表 12-2 所示。各主机硬件配置信息如表 12-3 所示。

### 12.9.3　实验报告

完成以上内容，并完成实验报告。实验至少包含以下内容。

（1）在 Horizon 7 内查看新建的 vCenter 虚拟机。

（2）在 Horizon 7 内桌面池选项按照规划要求正确配置。

（3）在 ESXi-4 主机上观察新建的资源池。

（4）在 Horizon 7 的桌面池选项内查看授权的访问组。

## 12.10　实验任务：连接云桌面

### 12.10.1　任务简介

正月十六，公司已经实现公司虚拟化架构的全面转型，但虚拟化的方式仅限于对外业务部门，内部员工仍然是单机办公模式，办公效率并不高，无法做到个性化的操作，且存在设备投资维护成本高和数据迁移较为烦琐等问题。公司经过考察和研究，决定搭建云桌面平台，实现员工桌面的集中管理、控制，以满足终端用户个性化、移动化办公和保障公司数据安全的需求。

公司经过调研后，决定在原本的虚拟化架构上增添若干台高性能服务器，采用 VMware vSphere 搭建虚拟化平台。虚拟化技术人员部署 VMware Horizon View 桌面虚拟化平台，使用 Windows 10 制作父虚拟机，并将以此为基础的虚拟化桌面发布给公司员工使用。

### 12.10.2　任务设计

云桌面系统的总体架构如图 12-6 所示。

系统管理员的工作任务如下。

在信息中心已搭建好的私有云平台基础上，搭建 vCenter Server、Connection Server、Composer 和 SQL Server，制作"view"桌面发布到 Internet 上，使职工用户可以通过"view client"或"view client with local mode"直接使用在线或离线的 Windows 10"view"桌面。各服务器系统部署规划如表 12-1 所示。节点、账号、密码如表 12-2 所示。各主机硬件配置信息如表 12-3 所示。

### 12.10.3　实验报告

完成以上内容，并完成实验报告。实验至少包含以下内容。

（1）在浏览器界面访问 Horizon 的管理页面。

（2）使用授权用户成功登录 Horizon 的后台。

（3）使用 view1 用户成功访问桌面池，并查看此桌面配置是否符合规划要求。